ein Ullstein Buch

Ullstein Buch Nr. 3322
im Verlag Ullstein GmbH,
Frankfurt/M – Berlin – Wien
Titel der Originalausgabe:
Living Free
Aus dem Englischen
von Ursula Heinemann

Ungekürzte Ausgabe

Umschlagentwurf:
Hansbernd Lindemann
Alle Rechte vorbehalten
Deutsche Rechte bei
Verlag Ullstein GmbH,
Frankfurt/M – Berlin – Wien
© 1961 by Joy Adamson
Übersetzung © 1962
Verlag Ullstein GmbH,
Frankfurt/M – Berlin – Wien
Printed in Germany 1978
Gesamtherstellung:
Ebner, Ulm
ISBN 3 548 03322 9

CIP-Kurztitelaufnahme
der Deutschen Bibliothek

Adamson, Joy.
Die Löwin Elsa und ihre Jungen. –
Ungekürzte Ausgabe. – Frankfurt/M,
Berlin, Wien : Ullstein, 1977.
  ([Ullstein-Bücher] Ullstein-Buch;
  Nr. 3322)
  Einheitssacht.: Living free ⟨dt.⟩
  ISBN 3-548-03322-9

Joy Adamson

Die Löwin Elsa und ihre Jungen

Mit einer Einführung
von Sir Julian Huxley

ein Ullstein Buch

Inhalt

Allen wilden Tieren
und ihrer Freiheit gewidmet

Einführung

Im September des letzten Jahres hatten meine Frau und ich ein unvergeßliches Erlebnis. Wir sahen Elsa, gefolgt von ihren drei Jungen, auf eine Urwaldlichtung in Kenia zustürzen, auf der die Adamsons zeitweilig ihr Lager aufgeschlagen hatten. Interessiert, aber zurückhaltend, neugierig und beobachtend, ließen sich die Jungen nieder. Elsa sprang indessen, wie auf eine gute Freundin, auf Joy Adamson zu, legte die großen Tatzen auf ihre Schultern und warf sie mit dieser kraftvollen Begrüßung fast zu Boden.

Es stimmte also . . ., es stimmte: Eine ausgewachsene Löwin hatte zu Frau Adamson und ihrem Mann eine starke gefühlsmäßige Bindung entwickelt, war auf ihren Entschluß hin im Urwald ausgesetzt worden, hatte einen wilden Gefährten gefunden, diese wilden Jungen geboren und trotzdem eine persönliche Bindung zu ihren menschlichen Freunden behalten.

Man mag bei einem Tier über das Wort »persönlich« streiten. Doch möchte ich dabei bleiben, weil ich Elsa und die Adamsons gesehen und beide Bücher über Elsa von Frau Adamson gelesen habe. Mit unermüdlicher Geduld und verständnisvoller Liebe gelang es Frau Adamson, so etwas wie eine geformte Persönlichkeit aus der Individualität des Tieres herauszuholen, die aus seinen auf den einfachen Faden des Gedächtnisses aufgereihten natürlichen Instinkten besteht.

Das kann natürlich bei Hunden und Schimpansen vorkommen. In diesen Fällen aber wird die entstehende Tierpersönlichkeit bei domestizierten oder gefangenen Tieren entwickelt, die aus der Gefangenschaft nicht mehr in die natürliche Freiheit entkommen. Elsa blieb jedoch immer ein wildes Tier. Sie suchte sich einen wilden Gefährten, als ihre Zeit dafür kam, und hielt die Beziehungen zu ihm aufrecht, auch wenn sie regelmäßig die Adamsons besuchte. Eifersüchtig bewachte sie die Neugeborenen vor der Entdeckung durch ihre menschlichen Freunde, bis sie die Jungen freiwillig ins Lager brachte. Waren die Adamsons nicht zugegen, jagte sie selbst ihre Beute. Im Kampf mit einer rivalisierenden Löwin erlitt sie gefährliche Wunden, aber die Bindung an den Menschen blieb unvermindert erhalten.

Das ist für mich nicht nur eine interessante, sondern auch bewegende Tatsache. Die Geschichte Elsas, die in diesem und in Frau Adamsons früherem Buch in allen Einzelheiten festgehalten ist, zeigt, daß bei den höheren Säugetieren reiche Fähigkeiten vorhanden sind, die nur darauf warten, geweckt und wirksam zu werden. Die Geschichte zeigt weiter, daß der beste, ja vielleicht einzige Weg, diese versteckten Fähigkeiten voll und ganz hervorzuholen, nur die mitempfindende und einsichtsvolle Sorge um das Tier sein kann. Ich habe es vorhin verständnisvolle Liebe genannt.

Ich glaube, das ist wichtig, wichtig für den Fortschritt der Wissenschaft. Es bedeutet, daß in der jungen Wissenschaft der Verhaltensforschung – der Ethologie, wie man sie jetzt nennt – der Forscher nur dann wertvolle Ergebnisse erzielt, wenn er seine wissenschaftliche Objektivität durch eine verstehende, ja sogar gefühlsbestimmte Annäherung an das Tier, mit dem er arbeitet, ergänzt. Das gilt besonders bei dem Versuch, das Ausmaß unbekannter Fähigkeiten im Tier zu entdecken, und ist für Tierzüchter, Tierpfleger und Wildheger wichtig. Die Tümmler von *Marineland* werden böse Worte oder gar Bestrafung nicht schätzen; die großen Affen haben das innere Bedürfnis nach persönlicher Beziehung zu ihren Pflegern; ja sogar ein so lethargisches Wesen wie der Riesenpanda reagiert auf eine freundliche Annäherung. Das alles ist auch für die Erziehung der Menschen wichtig, wie es fortschrittliche Pädagogen längst bemerkt haben. Es ist auch für alle Kontaktversuche mit feindlichen oder sich gegenseitig beargwöhnenden Bevölkerungsgruppen wichtig, wie die moderne Welt langsam feststellt. Geduld und Verständnis, von Freundlichkeit und Liebe unterstützt, können in diesen Fällen genauso wirksam sein wie bei Elsa.

Ich darf mich jedoch nicht länger bei Verallgemeinerungen aufhalten. »Frei geboren« ist die Geschichte von Elsa, »Die Löwin Elsa« ist die Geschichte Elsas und ihrer drei Jungen. Sie beginnt mit der Geburt der Jungen und endet kurz vor Elsas frühem Tod. Für mich war es eine fesselnde Geschichte. Zunächst, weil sie dem Leser den wirklichen afrikanischen Urwald zeigt: Den nächtlichen Büffel, der Frau Adamson zu Boden warf, das Lager verwüstete und sich wie der sprichwörtliche Elefant im Porzellanladen benahm; den aggressiven Ratel, der die ausgewachsene Elsa zum Rückzug zwang; die Elefanten, deren Trompeten und Rumpeln in der Dunkelheit immer näher kamen; die auf den Tod wartenden versammelten Scharen der Geier; die mit großen runden Augen aus den Zweigen spähenden Buschbabys; die Ansammlung eben aus dem Ei gekrochener Krokodile im Fluß; die schwatzenden Paviane, die Perlhühner, die lustigen Papageien; die bezaubernde kleine

Ginsterkatze, die den Adamsons die Vorräte stahl; die schwerfällig in den Tümpeln herumtollenden Flußpferde; den durch den Busch brechenden erschrockenen Bock; die Hyänen, die versuchten, den Adamsons Fleisch zu rauben; das entfernte nächtliche Brüllen der Löwen.

All dies ist jedoch, wenn auch noch so faszinierend, nur der Hintergrund für Elsas Geschichte, ist nur die Bühne, auf der die Hauptdarsteller ihre Rolle spielen. Der Akzent des Buchs liegt auf dem Bericht von der psychologischen Entwicklung Elsas und ihrer Familie.

Wieder fürchte ich, daß Puristen über das Wort »psychologisch« streiten werden, »verhaltensmäßig« ist heute der gültige Ausdruck. Doch auch jetzt bestehe ich auf meinem Wort. Wir alle, selbst die »wissenschaftlichsten« Wissenschaftler, leben in dem Glauben, daß andere Menschen Verstand und Gefühle haben und zu subjektiven Erfahrungen fähig sind, obwohl wir das nur aus ihrem wahrnehmbaren Verhalten schließen können (natürlich einschließlich ihres stimmlichen Verhaltens, ihrer Sprache). Und Psychologie verdiente nicht den Namen Wissenschaft, wenn sie nicht die subjektive Erfahrung verwertete, oder wenn sie es versäumte, sich auf den Glauben an die Bedeutung der geistigen Erscheinung unserer Doppelnatur zu stützen. Höhere Wirbeltiere, vor allem die höheren Säuger, haben ein Gehirn und eine Verhaltensweise, die unseren in vielen wesentlichen Zügen gleichen. Warum sollte man ihnen also psychologische Erfahrungen, die unseren ähnlich sind, absprechen? Darwin tat das nicht. Schon durch den Titel seines Buchs, das Ethologie als Wissenschaft begründete – »Der Ausdruck der Empfindungen bei Mensch und Tier« –, stellte er die Gleichartigkeit heraus.

Wenn Menschen wie Frau Adamson (oder auch Darwin) Bewegung und Gebaren eines Tieres mit psychologischen Begriffen wiedergeben – Angst oder Neugier, Zuneigung oder Eifersucht –, beschuldigt sie der strenge Behaviorist, er sähe unter der Haut des Tieres nur den menschlichen Geist in Tätigkeit. Das muß nicht notwendigerweise so sein. Der wahre Ethologe muß sich entwicklungsgeschichtlich einstellen. Schließlich gehört er ja auch zu den Säugetieren. Um die besten Interpretationen für eine Verhaltensweise zu geben, muß er eine Sprache anwenden, die auf seine Mit-Säugetiere genauso zutrifft wie auf seine Mit-Menschen. Eine solche Sprache muß eine subjektive und eine objektive Terminologie verwenden – »Furcht« genauso wie »Impuls zu fliehen«, »Neugier« genauso wie »Drang zum Entdecken«, »mütterliche Sorge« mit all ihren Schattierungen in willkommener Ergänzung zu jeglichem verwirrendem behavioristischem Sprachgebrauch.

Ich will hier nicht der behavioristischen Methodik absprechen, daß sie für den Fortschritt der Ethologie wesentlich ist. Natürlich ist sie das, wie die großartigen Arbeiten von Leuten wie Tinbergen und Hinde zeigen. Doch gibt sie uns für sich allein keine abgerundete Interpretation der Verhaltensweisen, kein vollkommenes Verständnis ihrer biologischen Bedeutung als äußerliches und sichtbares Zeichen für die aufwärtsgerichtete Entwicklung des Geistes.

Sodann ist die analytische Methode nicht immer anwendbar. Physiker, Chemiker, Laboratoriumswissenschaftler im allgemeinen, neigen dazu, das Studium und die Beobachtung in der natürlichen Umwelt als wissenschaftlich minderwertig anzusehen. Sie vergessen, daß alle Zweige der Wissenschaft, einschließlich ihrer eigenen, mit der Beobachtung beginnen. Sie vergessen außerdem die Tatsache, daß Physik und Chemie weitaus einfachere Wissenschaften sind als die Biologie und daß die lebendige Organisation des Organismus Formen von einer Komplexheit erreicht, die vieltausendfach größer ist als irgend etwas in der anorganischen Welt.

Dieser letzte Punkt ist für die Ethologie besonders wichtig; denn zum einen muß sie sich auf Beobachtungen in der natürlichen Umwelt stützen, um sich so viel wie möglich vom Objekt in seinem primären Zustand zu verschaffen, zum anderen setzt die Gefangenschaft immer den Handlungen des Tieres Grenzen, und das Experiment kann nie genau der Kette von Situationen entsprechen, der ein Tier in der Natur gegenübergestellt wird. Demnach werden sich viele gerade der subtilsten und der umfassendsten (und daher der interessantesten und bezeichnendsten) Handlungen der Tiere im Experiment nicht zeigen; sie müssen in der freien Natur gesucht und beobachtet werden. Findet man sie, muß man sie nach den verfeinerten und so komplexen, geist-begleiteten Handlungen des Menschen interpretieren. Erklärt man sie auf diese Weise, so vergrößert, ja bereichert man den Gesichtskreis der Wissenschaft.

Frau Adamsons Beobachtungen an Elsa und den Jungen haben die Ethologie der Säuger auf eine Weise bereichert, wie es bei Tieren in der Gefangenschaft nie möglich gewesen wäre. Wir sehen, wie Elsa nach der Geburt der Jungen eifersüchtig das Geheimnis ihres Aufenthalts hütet, und wir sehen sie vorsätzlich die Adamsons irreführen. Als später die Jungen nicht mehr verwundbar sind, bringt sie sie genauso vorsätzlich ins Lager und zeigt sie ihren menschlichen Freunden. Wir sehen, wie die drei Jungen ganz verschiedene individuelle Temperamente entwickeln – angefangen bei

Klein-Elsa, die so scheu ist, daß sie nie in den Kreis der Menschen eintritt, bis zu Jespah, der durch die Zelte tobt und an den Zehen der Menschen knabbert. Er ist der Liebling seiner Mutter und eifersüchtig auf jeden, der sich zwischen ihn und die Zuneigung seiner Mutter drängt.

Wir sehen die Jungen beim Spiel herumtollen wie kleine Kinder, mit dem schlagenden Schwanz ihrer Mutter spielen, im Fluß ihre Possen treiben, abenteuerlustig wie Schulbuben auf Bäume klettern, wir beobachten, wie Elsa mit ihnen spielt. Elsa zeigt Ärger, indem sie die Ohren zurücklegt und die Lider zusammenkneift. Sie unterwirft sich dem schmerzvollen Ausziehen eines Dorns aus dem Schwanz mit der Geduld von Androkles' Löwen; von fremden Afrikanern will sie nichts wissen, behandelt jedoch fremde Weiße und Afrikaner, die sie kennt, als Freunde. Sie unterscheidet zwischen dem Motorengeräusch eines Flugzeugs und dem eines Autos. Das Radio stört sie, doch – ebenso wie die Jungen – beachtet sie nicht, wenn plötzlich eine Flamme aufzischt. Sie leidet sehr unter den Tsetsefliegen und kommt zu Frau Adamson, damit sie ihr hilft, sie loszuwerden.

Wir sehen, wie die Jungen mit vierzehn Wochen übriggebliebenes Fleisch verscharren und nach zehneinhalb Monaten trotz ihrer inzwischen gewachsenen Mähnen noch bei der Mutter trinken. Wir sehen Elsa bei einem toten Zebra stehen, das die Adamsons für sie gejagt haben, und, anstatt darüber herzufallen, laut brüllen, wahrscheinlich um ihren wilden Gefährten jenseits des Flusses zu verständigen. Man erzählt uns von ihrem bemerkenswerten Verhalten gegen ihren Verleger, Mr. William Collins, als dieser sie besuchte – wie sie zweimal in sein Zelt einbricht und einmal sogar sein Gesicht und seinen Hals zwischen ihre großen Pfoten nimmt. (Frau Adamson meint, dies sei ein Zeichen der Zuneigung, ist dessen aber nicht ganz sicher.) Ich möchte hinzufügen, daß Mr. Collins' Verhalten damals genauso bemerkenswert war, und ebenso sein Verhalten, später im Jahr noch einmal hinzufahren, um Elsa zu besuchen.

Am bemerkenswertesten von allem ist jedoch die Tatsache, von der ich ausging – die Tatsache, daß es einem Menschen gelungen ist, in einer Löwin eine psychologische Veranlagung zu wecken, die in den Grundzügen der einer menschlichen Persönlichkeit gleicht; und daß die Löwin dadurch in die Lage kam, neben ihrem normalen Leben in der Wildnis ein zweites Leben zu führen, das auf freundschaftliche menschliche Beziehungen gegründet war.

Julian Huxley

Elsas Paarung mit einem wilden Löwen

Zwischen dem 29. August und dem 4. September 1959 sah George, mein Mann, wie ein wilder Löwe Elsa den Hof machte. Er rechnete schnell aus, daß die Jungen, da die Trächtigkeit der Löwen hundertacht Tage dauert, zwischen dem 15. und 21. Dezember zur Welt kommen würden.

Bei seiner Rückkehr nach Isiolo erzählte mir George, was er gesehen hatte. Am liebsten wäre ich sofort allein ins Lager aufgebrochen, denn ich fürchtete, Elsa könne jetzt ihrem Gefährten in eine Welt folgen, die außerhalb unserer Reichweite lag. Doch als wir wieder ins Lager kamen, wartete sie auf uns bei dem großen Felsen in der Nähe des Fahrweges.

Sie war sehr liebevoll und auch sehr hungrig. Während wir die Zelte aufschlugen, begann ihr Löwe zu rufen. Nachts umkreiste er das Lager; aber Elsa blieb bei George, fraß mit großem Appetit und beachtete den Ruf ihres Gefährten überhaupt nicht. Gegen Morgen rief der Löwe immer noch, aber aus viel größerer Entfernung.

Zwei Tage lang blieb Elsa im Lager. Sie fraß so viel, daß sie zu schläfrig war, sich zu bewegen, und erst nachmittags mit George zum Fischen ging.

Am dritten Abend verschlang sie solche Mengen, daß wir uns Sorgen machten; morgens aber trabte sie trotz ihres vollgefressenen Bauchs mit uns in den Busch und schlich zwei Schakale und einen Schwarm Perlhühner an. Natürlich flogen die Hühner jedesmal auf, wenn Elsa sie ansprang, worauf sie sich hinlegte und sich die Pfoten leckte.

Ich ging voraus, blieb aber beim Anblick eines Ratel wie angewurzelt stehen; dieses Tier, das auch Honigdachs genannt wird, bekommt man selten zu sehen. Der Dachs kehrte mir den Rücken zu. Er war so damit beschäftigt, im verfaulten Holz eines gestürzten Baumes nach Larven zu graben, daß er Elsa überhaupt nicht bemerkte. Sie sah ihn und kroch vorsichtig näher, bis sie fast über ihm war.

Erst als sie beinahe mit den Köpfen zusammenstießen, merkte der Ratel, in welcher Gefahr er sich befand. Zischend und kratzend griff er die Löwin so mutig und wild an, daß Elsa den Rückzug antrat. Der Ratel nutzte alle Vorteile, die ihm der Boden bot, und zog sich kämpfend zurück, griff aber immer wieder an, bis er schließlich verschwand und mit dem Schrecken davongekommen war.

Geschlagen und verblüfft kam Elsa zurück. Sie war offenbar zu satt, um ernsthaft zu jagen, und mit einem so wütenden Spielgefährten war die Jagd kein Vergnügen.

Dieser Zwischenfall bestätigte unsere Vermutung, daß damals, kurz nach ihrer Freilassung, ein Ratel sie mit tiefen Bissen und Schrammen am Bauch verwundet hatte. Kein anderes kleines Tier ist so furchtlos und mutig.

Auf dem Heimweg war Elsa bester Laune. Voller Zärtlichkeit rollte sie mit mir im Sand umher, während ich auf das Trompeten der Elefanten hörte, die mir beängstigend nahe schienen.

Nachts schlief Elsa vor meinem Zelt. Kurz vor Morgengrauen fing ihr Gefährte an zu rufen, und sie machte sich zu ihm auf. Ihr Ruf war leicht von seinem zu unterscheiden. Elsa hat eine tiefe, gutturale Stimme; dem ersten brüllenden Laut folgen nur zwei oder drei dumpfe, abklingende Laute, whuff, whuff; die Stimme ihres Löwen hingegen ist weniger tief, und dem ersten Brüllen schließen sich mindestens zehn oder zwölf grollende Töne an.

Während Elsas Abwesenheit brachen wir unsere Zelte ab und fuhren nach Isiolo, weil wir annehmen konnten, daß sie sich bei ihrem Gefährten aufhielt.

In Isiolo wurde George gebeten, sich um einen jungen Elefanten zu kümmern, der in einen Brunnen gefallen war. Natürlich brachte er ihn mit nach Hause. Den reizenden kleinen Kerl nannten wir Pampo. Wir nahmen seinetwegen gern alle Mühen auf uns und versorgten ihn täglich mit zwei Gallonen Milch.

Nur selten gelingt es, ein von seiner Mutter im Stich gelassenes Elefantenjunges mit der Flasche aufzuziehen, weil es keinen Ersatz für Elefantenmilch gibt, deren Zusammensetzung keiner anderen gleicht. Obwohl wir Pampos Futter Lebertran und Traubenzucker beigaben, machte ich mir Sorgen um sein Gedeihen und ließ ihn kaum einen Augenblick allein.

Jetzt hatten wir die Verantwortung für zwei Tiere, die noch dazu hundertfünfzig Meilen voneinander entfernt lebten. Das war keine leichte Sache. Wir konnten Elsa nicht vernachlässigen und durften es andererseits nicht dazu kommen lassen, daß Pampo aus Mangel an Pflege starb. Zum Glück bot sich meine Freundin, Joan Jugl, die Tiere liebt und es versteht, mit ihnen umzugehen, als Pflegemutter für Pampo an. So konnten wir am 10. Oktober ins Lager zurückfahren.

Drei Wochen war Elsa allein gewesen; eine Stunde nach unserer Ankunft sahen wir sie durch den Fluß schwimmen, um uns zu besuchen. Anstatt uns wie gewöhnlich mit großem Überschwang zu begrüßen, kam sie nur langsam auf mich zu. Sie schien nicht hungrig zu sein und war außergewöhnlich ruhig und sanft. Beim Streicheln fühlte ich, wie weich und seidig ihr Fell geworden war, und ich sah, daß sich vier ihrer Zitzen sehr vergrößert hatten. Sie war trächtig. Es gab keinen Zweifel mehr. Vor einem Monat mußte sie empfangen haben.

Es herrscht die weitverbreitete Annahme, daß einer trächtigen Löwin, die in ihrem Zustand schwer jagen kann, von einer bis zwei anderen Löwinnen geholfen wird, die als »Tanten« fungieren. Man nimmt auch an, daß diese »Tanten« die Mutter bei der Betreuung der Neugeborenen unterstützen. Der männliche Löwe taugt wenig zu solchen Aufgaben, meistens wird er in den ersten Wochen an die jungen Löwen überhaupt nicht herangelassen.

Da die arme Elsa keine Tanten hatte, mußten wir diese Aufgabe übernehmen. George und ich besprachen, wie wir sie ernähren und vor jeder Gefahr beschützen könnten. Ich würde so lange wie möglich im Lager bleiben. Beim nächsten *Game Scout* Posten in etwa fünfundzwanzig Meilen Entfernung sollte eine Ziegenherde untergebracht werden, von der ich von Zeit zu Zeit Tiere holen konnte.

Nuru mußte bei mir bleiben und bei Elsas Pflege helfen, Makedde sollte uns mit seinem Gewehr bewachen, Ibrahim konnte chauffieren, und außerdem würde ich einen Boy, den Toto, zu meiner Bedienung zurückbehalten. (Das Wort Toto heißt Kind auf Suaheli.) George wollte uns besuchen, so oft es seine Arbeit erlaubte. Es schien, als habe Elsa unsere Unterhaltung verstanden. Als mein Feldbett gerichtet war, sprang sie darauf und tat so, als sei es der einzige richtige Platz für sie in ihrem Zustand. Sie nahm von Stund an Besitz von meinem Bett. Am nächsten Morgen ließ ich es mir ins »Studio« tragen, weil ich mich nicht wohl fühlte. Elsa legte sich zu mir. Das war nicht sehr bequem. Darum kippte ich das Bett nach einer Weile um und rollte sie auf den Boden. Ungehalten über diese Behandlung, zog sie sich beleidigt ins Flußschilf zurück und kam erst zu unserem Abendspaziergang wieder hervor.

Als ich sie anrief, starrte sie mich aufmerksam an, ging entschlossen auf mein Bett zu, hockte sich darauf, hob den Schwanz und tat, was sie nie zuvor an einem so unpassenden Ort getan hatte. Dann sprang sie mit selbstzufriedener Miene herunter und lief uns voraus. Jetzt, da sie sich gerächt hatte, schien zwischen uns alles wieder in Ordnung.

Ich sah, daß ihre Bewegungen sehr langsam waren und daß sie sogar bei dem

Geräusch nahe vorbeiziehender Elefanten nur die Ohren aufrichtete. Nachts schlief sie in Georges Zelt, ohne dem Rufen eines Löwen dicht beim Lager Beachtung zu schenken.

Früh am Morgen rief der Löwe immer noch. Wir machten mit Elsa einen Spaziergang in die Richtung, aus der wir ihn hörten, und fanden zu unserer Verwunderung die Spuren von zwei Löwen. Als sich Elsa für diese Spuren interessierte, ließen wir sie laufen und kehrten um. Sie kam nachts nicht zurück. Darum waren wir erstaunt, als wir ganz dicht beim Lager einen Löwen knurren hörten. Am Morgen zeigten uns die Spuren, daß sich der Löwe bis auf zehn Meter den Zelten genähert hatte. Auch an diesem Tag ließ sich Elsa nicht blicken. Um die Löwen Elsa gegenüber freundlich zu stimmen, schoß George als Abschiedsgeschenk einen Bock; dann fuhren wir nach Isiolo zurück.

Wir freuten uns, als wir Pampo gesund vorfanden; doch teilte er schon das Schicksal aller Berühmtheiten und zog Scharen von Besuchern an. Das beunruhigte mich, denn junge Tiere sind oft sehr empfindlich gegenüber Fremden. Pampo bestätigte mir, daß ihn seine Bewunderer ermüdeten und nervös machten, denn sobald wir allein waren, drängte er vertrauensvoll seinen runden Körper an mich und schlief ein. Offensichtlich gab ihm die Berührung ein Gefühl von Sicherheit. Nach zwei Wochen meinten wir, es sei Zeit, zu Elsa zu fahren. Joan Jugl war wieder bereit, sich um Pampo zu kümmern. Sie freute sich, als ihr Schützling sie mit zärtlichem Quieken begrüßte.

Als wir im Lager ankamen, war es schon dunkel. Fast augenblicklich erschien Elsa. Sie war außergewöhnlich mager, sehr hungrig und hatte tiefe, blutige Schrammen und Bisse am Hals und Wunden von den Krallen eines Löwen auf dem Rücken. Sie fraß das Fleisch, das wir ihr mitgebracht hatten, und ich behandelte ihre Wunden. Dankbar leckte sie mich und rieb ihren Kopf an meinem.

Nachts hörten wir sie den Kadaver zum Fluß schleifen, damit durchs Wasser planschen und später wieder zurückkommen. Kurz darauf schlug eine Schar Paviane Alarm, der von einem Löwen jenseits des Flusses beantwortet wurde. Elsa reagierte mit leisem Stöhnen. Sehr früh am Morgen versuchte sie sich durch die Öffnung der dornigen Schutzhecke zu zwängen, die mein Zelt umgibt. Doch als sie mit dem Kopf zur Hälfte hindurch war, blieb sie stecken. Beim Versuch loszukommen, gab der Rahmen nach. Ihn wie einen Kragen um den Hals tragend, kam sie in mein Zelt. Ich befreite sie sofort; aber sie schien unruhig zu sein und des Zuspruchs zu bedürfen, denn sie saugte ungestüm an

George und Elsa ruhen nach dem Fischfang aus

Der Kleine mit dem hellsten Fell schmiegte sich am liebsten unter Elsas Kinn

meinem Daumen. Obwohl sie hungrig war, machte sie keine Anstalten, ihre »Beute« herbeizuholen oder auch nur zu bewachen, wie sie es gewöhnlich tut. Sie horchte nur angespannt auf jeden Laut, der aus der Richtung kam, in die sie den Kadaver geschleppt hatte. Wir wunderten uns über dieses eigenartige Verhalten, und Georg machte sich auf, um herauszufinden, was mit dem Fleisch geschehen war. Er sah, daß Elsa es über den Fluß gebracht hatte; doch eine zweite Spur zeigte, daß eine andere Löwin sie noch etwa vierhundert Meter weitergeschleift, einen Teil davon gefressen und die Reste bei einigen nahe gelegenen Felsen niedergelegt hatte. George vermutete, daß diese Löwin Junge zwischen den Felsen versteckt hielt, und suchte darum nicht weiter. Er fand aber neben der Spur der fremden Löwin noch die eines Löwen, der nicht Elsas Gefährte war. Offenbar hatte dieser Löwe das Fleisch nicht angerührt; er war der Löwin in einiger Entfernung gefolgt und hatte ihr die Beute gelassen.

Darf man daraus schließen, daß Löwen ihre trächtigen oder nährenden Gefährtinnen, die wegen ihres Zustandes beim Jagen behindert sind, zwar nicht unterstützen, aber bereit sind, Opfer zu bringen? Hatte Elsa, selbst hungrig und außerdem verwundet, obwohl sie trächtig war und selbst eine »Tante« brauchte, dieser anderen nährenden Löwin geholfen? Über diese Fragen konnten wir uns nur den Kopf zerbrechen.

Elsa war schon sehr schwerfällig, und jede Bewegung machte ihr Mühe. Wenn sie zu mir ins Studio kam, legte sie sich meistens auf den Tisch. Ich konnte mir das nicht erklären, denn der Tisch war zwar kühler, aber doch härter als mein Bett oder der Sand. Während der folgenden Tage verbrachte Elsa ihre Zeit teils bei mir, teils bei ihrem Löwen. An unserem letzten Abend im Lager verschlang sie eine ungeheure Menge Ziegenfleisch und ging dann (mit vollgefressenem Bauch) zu ihrem Gefährten, der schon seit Stunden nach ihr rief. Wir nutzen ihre Abwesenheit aus und fuhren zurück nach Isiolo.

Dort erschrak ich über Pampos Aussehen. Sein Gesicht war beängstigend eingefallen, besonders um die Augen. Als er sich hochquälte, standen seine Knochen heraus. Joan berichtete, sein Milchverbrauch sei in der letzten Zeit von zwei Gallonen täglich auf sechs Flaschen gefallen. Zuerst hatte sie gedacht, er bekomme Zähne, denn er rieb fortwährend das Zahnfleisch an allem, was er finden konnte. Er hatte den Kopf in seine Badewanne gesteckt, das Wasser ausgetrunken und am nächsten Tag versucht, diese Vorstellung zu wiederholen. Joan hatte ihm aber die Wanne nicht mehr hingestellt, da seine Verdauung gestört war. Bald darauf überraschte Joan Pampo dabei, wie er seinen Durst in einer schmutzigen Lache unter dem Abfluß stillte. Danach verschlechterte sich sein Zustand, und Joan rief den Tierarzt. Er verordnete eine Diät aus Traubenzucker und Wasser und verschrieb außerdem Sulfonamide.

Nach unserer Rückkehr wurde Pampo jeden Tag schwächer. Trotz bester Pflege starb er. Er starb friedlich, den Kopf an mich gelehnt, genau einen Monat nachdem wir ihn bekommen hatten. Ich war sehr traurig, dieses liebenswerte kleine Geschöpf zu verlieren. Wir hätten ihn aber auf keinen Fall durchbringen können, denn die Obduktion zeigte, daß er an Lungenentzündung und einer Darmkrankheit gelitten hatte.

Es war jetzt die heißeste Zeit des Jahres, und es herrschte eine schreckliche Dürre. Die Eingeborenen, die sonst die Gegend um Elsas Lager mieden, weil sie durch eine für Haustiere gefährliche Tsetsefliege verseucht ist, wollten jetzt sogar zahlen für die Erlaubnis, ihre Herde im Reservat zu weiden. Der »District Commissioner« und George trafen sich mehrmals mit den Eingeborenen und taten alles, um ihnen zu helfen. Trotzdem kam es immer häufiger vor, daß die Eingeborenen unerlaubt in das Reservat eindrangen und wilderten.

Als wir in der zweiten Novemberwoche wieder auf dem Wege zu Elsa waren, bemerkten wir etwa zehn Meilen vom Lager eine Menge Geier in den Bäumen. Wir suchten nach dem Kadaver, der sie herbeigelockt hatte, und fanden einen jungen Elefanten, kaum größer als Pampo.

Er war an Speerwunden gestorben und zweifellos von Leuten des Boran-Stammes getötet worden. Um die Zuneigung der jungen Mädchen zu gewinnen, müssen sich die jungen Männer durch »Speer-Bluten« auszeichnen, das heißt, sie müssen ihren Mut durch das Erlegen eines gefährlichen Tieres beweisen. Unglücklicherweise macht die Tatsache, daß ein Opfer jung und schwach ist, die Mutprobe nicht wertlos.

Als wir in die Nähe von Elsas Lager kamen, entdeckten wir die Spuren vieler Schafe und Ziegen, und auch unser Lagerplatz war mit Hufabdrücken übersät. Ich zitterte bei dem Gedanken, was Elsa widerfahren sein könnte, wenn sie eine der Ziegen getötet haben sollte, die so herausfordernd in ihrem eigensten Bereich grasten. Unsere Furcht steigerte sich noch, als wir bald darauf nahe beim Fluß ein totes Krokodil fanden, das erst vor kurzem durch einen Speer getötet worden war.

George schickte nach den Wilderern eine *Game Scout* Patrouille aus, wir beide gingen auf die Suche nach Elsa.

Mehrere Stunden streiften wir durch den Busch, riefen nach ihr, schossen immer wieder in die Luft, bekamen aber keine Antwort. Nach Einbruch der Dunkelheit rief ein Löwe aus der Richtung von *Big Rock;* aber auf Elsas Stimme warteten wir vergebens. Wir hatten keine Leuchtraketen mehr, so konnten wir, als es dunkel geworden war, nur noch die Luftschutzsirene heulen lassen, ein Überbleibsel aus den Mau-Mau-Tagen, die Elsa schon oft zu uns geführt hatte. Der Löwe antwortete darauf. Wir ließen sie wieder heulen, und wieder antwortete er. Diese seltsame Unterhaltung setzten wir fort, bis Elsa erschien. Bei der Begrüßung warf sie uns zu Boden. Ihr Körper war naß, sie mußte also durch den Fluß geschwommen und nicht aus der Richtung des rufenden Löwen gekommen sein.

Sie war in guter Verfassung und nicht hungrig. Beim Morgengrauen verließ sie uns, kam aber zur Teezeit zurück, als wir gerade einen Spaziergang machen wollten. Wir kletterten auf den großen Felsen und beobachteten von dort, wie die Sonne als roter Feuerball hinter den indigo-blauen Bergen versank. Elsas Umrisse verbanden sich mit der warmen rötlichen Farbe des Felsens, als sei sie ein Teil von ihm; als dann aber der Mond voll aufging, hob sie sich deutlich gegen den verblassenden Himmel ab. Mir war, als säßen wir alle auf einem riesigen Schiff, das in dem purpurgrauen Meer des Urwalds vor Anker lag, von dem nur hier und da Gesteinsmassen wie Inseln hervorragten. Ich hatte das Gefühl, als sei das Schiff ein Zauberschiff, das aus der Wirklichkeit in eine Welt hinausglitt, in der die vom Menschen geschaffenen Werte zu nichts zusammenschrumpfen, so unendlich weit, friedlich und zeitlos war alles. Unwillkürlich streckte ich die Hand nach Elsa aus, die dicht neben mir lag. Sie gehörte in diese Welt, nur durch sie war es uns erlaubt, einen Blick in das Paradies zu werfen, das die Menschen verloren haben. Ich malte mir aus, wie Elsa eines Tages auf diesem Felsen mit ihren glücklichen Jungen spielen würde, mit den Jungen, deren Vater ein wilder Löwe war; vielleicht wartete er gerade jetzt in der Nähe auf seine Gefährtin. Elsa rollte sich auf den Rücken und umarmte mich zärtlich. Vorsichtig legte ich die Hand an ihre Rippen, um zu fühlen, ob sich schon Leben in ihr rührte. Doch sie schob die Hand zurück, als begehe ich eine Indiskretion. Ihr Gesäuge war schon ziemlich groß.

Bald würden wir ins Lager zurückkehren, in die Sicherheit unseres Dornengeheges, in die Sicherheit der Lampen und Gewehre. Mit ihnen wollten wir uns vor den dunklen Stunden schützen, in denen Elsas eigentliches Leben begann. Dann trennten sich unsere Wege, und jeder kehrte in seine Welt zurück.

Im Lager trafen wir Männer des Boran-Stammes, die unsere *Game Scouts* beim Wildern ertappt hatten. Eine der Hauptaufgaben Georges als *Senior Game Warden* besteht darin, das Wildern der Eingeborenen zu verhindern, weil es das Leben der Tiere in den Reservaten ernsthaft bedroht.

Elsa ließ sich während der Nacht und am folgenden Tage nicht blicken. Uns war das gar nicht recht, denn wir hätten sie lieber bei uns gehabt, da so viele Eingeborene mit ihren Herden in der Nähe waren. Am Nachmittag machten wir uns auf, sie zu suchen. Am Felsen rief ich nach ihr, damit sie wußte, daß wir kamen, erhielt aber keine Antwort. Erst als wir die Stelle, an der wir gestern gesessen hatten, erreichten, hörten wir plötzlich ein erschreckendes Grollen und dann das Krachen und Brechen von Holz in der großen Scharte unter uns. So schnell wir konnten, kletterten wir auf den nächsten Felsen. Jetzt hörten wir Elsas Stimme ganz nahe und sahen, wie sich ihr Löwe rasch durch den Busch davonmachte. Elsa sah zu uns herauf, verhielt einen Augenblick und glitt dann leise hinter ihrem Gefährten her. Die Tiere verschwanden in die Richtung, in der sich die Boran-Leute mit ihren Herden aufhielten.

Wir warteten, bis es fast dunkel war, und riefen schließlich Elsa. Zu unserer Überraschung trabte sie aus dem Busch, kam mit uns ins Lager und verbrachte dort die Nacht. Am Morgen zog sie wieder los. George fuhr mit den Wilderern nach Isiolo, ließ aber ein paar *Game Scouts* bei mir zurück.

Der Busch wimmelte von Schafen und Ziegen, die sich von ihren Herden entfernt hatten. Einige der jungen Lämmer blökten erbärmlich. Mit Hilfe der *Game Scouts* fand ich sie und brachte sie zu ihren Müttern zurück.

Am Abend gab es ein Gewitter, ein sicheres Zeichen für die nahe bevorstehende Regenzeit. Noch nie hatte ich den ersten Guß mit einer solchen Erleichterung begrüßt; denn mit ihm kehrten die Boran-Hirten zu ihrem Weideland zurück. Versuchung und Gefahren für Elsa waren vorüber.

Da ihr die *Game Scouts* fremd waren, verbrachte sie glücklicherweise die letzten gefährlichen Tage jenseits des Flusses, wo es weder Eingeborene noch Herden gab.

Tag für Tag durchtränkten jetzt Regengüsse den ausgedörrten Boden. Die Verwandlung, die vor sich ging, kann sich keiner vorstellen, der sie nicht selbst gesehen hat. Noch vor wenigen Tagen umgab uns trockener, grauer, knisternder Busch, in dem lange weiße Dornen die einzige Farbe waren; jetzt sah man überall eine verschwenderische tropische Vegetation, geschmückt mit Myriaden farbenprächtiger Blumen, von deren Duft die Luft schwer war.

Wie gewöhnlich nutzten die Webervögel das mannshohe Gras zum Bau ihrer Nester und legten in den zwei Bäumen über unseren Zelten eine Kolonie an. Dort schienen sie sich sicher zu fühlen. Morgens weckte mich das fröhliche Gezwitscher von etwa sechshundert fleißigen Webervögeln. Die meisten von ihnen gehörten der schwarzgelbköpfigen Art an, die ihre Nester aus Gras bauen. Ich sah aber auch einige rotköpfige, die dafür Zweige nehmen. Da sie aber im allgemeinen nicht sehr gesellig sind, wunderte ich mich, daß sie sich für das Leben in der Gemeinschaft mit den schwarzgelbköpfigen Webern entschlossen hatten.

Ein Paar dieser rotköpfigen Vögel hatte sein Nest unmittelbar über den Eingang meines Zeltes gehängt. Trotz unseres ständigen Kommens und Gehens webten sie ganz ruhig ihre hübsche Wohnung weiter.

Die schwarzköpfigen Webervögel hängen zuerst eine Grasschlinge an einen Zweig und schlingen dann mit dem Schnabel die Grashalme zu einem komplizierten Knoten. Dabei hängen sie mit dem Kopf nach unten und müssen unaufhörlich mit den Flügeln schlagen, um die Balance zu halten. Geschäftig fliegen sie, auf der Suche nach passenden Halmen, hin und her. Manchmal findet dann ein zurückkehrender Vogel, daß ein anderer sich bequem in seinem Nest eingerichtet hat, während er selbst fleißig war. Sie zwitschern und zirpen bei der Arbeit in einem fort, so daß ich mich immer wieder frage, wie sie bei dem dauernden Gezwitscher mit den Schnäbeln überhaupt weben können. Doch sind die Nester tatsächlich in zwei bis drei Tagen fertig, und bald zeigen Hunderte von zerbrochenen Eierschalen, daß die Jungen ausgeschlüpft sind.

Morgens und abends waren die Webervögel am geschäftigsten und zwitscherten manchmal noch lange, nachdem wir die Lampen gelöscht hatten. In einer Hinsicht waren sie unangenehme Nachbarn: obwohl unsere Boys täglich die Zeltdächer reinigten, waren sie ständig von neuem verschmutzt.

Eines Morgens fand ich ein Junges auf dem Boden, das verzweifelt nach der Mutter schrie. Vorsichtig setzte ich das Kleine in ein heruntergefallenes Nest und hängte es an einen Zweig, in der schwachen Hoffnung, die Mutter würde ihr Kind dort finden. Da solche Unfälle immer häufiger vorkamen, band ich eine Reihe Nester an unser Dornengehege und setzte in jedes ein oder zwei Waisenkinder hinein. Sobald ich in die Nähe kam, sperrten sie ihre dreieckigen, gelbumrandeten Schnäbel auf und bettelten um Futter.

Zum Glück war unsere Umgebung von Zuckerameisen übervölkert, die ihre saftigen Larven an dunklen Stellen versteckten und uns dadurch mit genügend Futter versorgten. Mit einer Pinzette ließ ich die Bissen in die Schnäbel der Jungen fallen. Ich mußte dabei sehr flink sein, denn die Vögelchen purzelten vor Gier fast aus dem Nest. Von den größeren, die ihre Flügel schon gebrauchen konnten, landete immer wieder eines im Gleitflug auf dem Boden. Manche mußte ich in die Hand nehmen und ihnen gut zureden, bis sie einen Bissen annahmen. Schließlich konnten die meisten für sich selbst sorgen, doch einige brachte ich nicht durch. Lange war ich Zeuge des traurigen Todeskampfes.

Der Abend im Lager ist für mich die schönste Zeit; dann hört man das eintönige Zirpen der Grillen, das Summen des Urwalds, das dann und wann vom grellen Schrei eines Nachttiers durchschnitten wird.

Zu dieser Stunde sieht man den beinahe drei Meter breiten Lichtgürtel Tausender von Leuchtkäfern, deren phosphorgrünes Licht das mannshohe Gras überdacht. Das fluoreszierende Band aus diesen winzigen Lebewesen leuchtet auf und erlischt mit synchroner Genauigkeit. Ich frage mich, welche Verständigungsmittel die Tiere haben, daß sie ihr Leuchten so aufeinander abstimmen können, als seien sie von einer Schaltanlage gesteuert. Ich hatte schon viele Regenzeiten im Lager verbracht, aber noch nie eine so prächtige Vorstellung miterlebt.

George brachte bei seiner Rückkehr einen besonderen Leckerbissen, ein Zebra, für Elsa mit. Sobald sie das Geräusch des Wagens hörte, erschien sie, entdeckte die »Beute« und versuchte, das Tier vom Landrover herunterzuziehen. Als sie merkte, daß sie nicht damit fertig wurde, ging sie zu den Boys auf die andere Seite und gab ihnen mit einer Kopfbewegung zum Zebra hin zu verstehen, daß sie Hilfe brauchte. Die Boys zogen unter Gelächter den Kadaver ein Stück fort und warteten darauf, daß Elsa mit dem Schmaus beginne. Wir waren erstaunt, als sie es nicht anrührte, obwohl Zebra ihr Leibgericht ist, sondern beim Fluß stehenblieb und so laut wie möglich brüllte.

Wahrscheinlich wollte sie ihren Gefährten einladen, mit ihr zusammen diesen Leckerbissen zu verspeisen. Das ist unter Löwen Sitte; denn wir wissen, daß die Löwinnen die Beute zwar erlegen, aber dann mit dem Fressen warten müssen, bis der Löwe gesättigt ist.

Am nächsten Morgen, dem 22. November, schwamm Elsa durch den stark gestiegenen Fluß zu dem Zebra hin und rief von dort aus immer wieder in Richtung der Felskette auf unserer Seite des Flusses. Ich sah, daß sie an einer Vorderpfote eine tiefe Wunde hatte. Sie ließ sie mich aber nicht behandeln und lief zu den Felsen, sobald sie genug gefressen hatte.

In der folgenden Nacht regnete es acht Stunden lang. Der Fluß wurde reißend, und die Durchquerung wäre selbst für eine so gute Schwimmerin wie Elsa gefährlich gewesen. Darum war ich froh, als ich sie morgens vom *Big Rock* zurückkommen sah. Ihr Knie war geschwollen, und jetzt ließ sie mich auch nach ihrer verwundeten Klaue sehen.

Ich merkte, daß sie große Schwierigkeiten hatte, ihre Exkremente von sich zu geben. Als ich die Fäkalien untersuchte, fand ich ein Stück zusammengerollte Zebrahaut, die, ausgebreitet, so groß wie ein Suppenteller war. Die Haare waren verdaut, aber nicht die über einen Zentimeter dicke Haut. Wieder einmal wunderte ich mich über die Fähigkeit wilder Tiere, mit solchen Brocken fertig zu werden, ohne innere Verletzungen davonzutragen.

Mehrere Tage lang teilte Elsa ihre Zeit zwischen uns und ihrem Löwen. George brachte von einer Patrouille eine Ziege für Elsa mit. Meistens zog sie mit ihrer »Beute« dann in sein Zelt, weil sie sie dort wohl nicht zu bewachen brauchte. Jetzt aber ließ sie das Fleisch neben dem Wagen liegen, den wir vom Lager aus nicht beobachten konnten. Während der Nacht kam ihr Löwe und tat sich gütlich. Ob das wohl ihre Absicht gewesen war?

Am nächsten Abend legten wir vorsorglich ein Stück Fleisch in einiger Entfernung vom Lager zurecht, denn wir wollten den Löwen nicht ermutigen, unseren Zelten zu nahe zu kommen.

Kurz nach Einbruch der Dunkelheit hörten wir, wie er das Fleisch fortschleifte, und am Morgen folgte ihm Elsa.

Für uns entstand jetzt eine Schwierigkeit. Wir wollten Elsa, die durch ihren Zustand immer schwerfälliger wurde, regelmäßig mit Futter versorgen; andererseits wollten wir aber die Beziehungen zu ihrem Gefährten nicht stören. Es war sein gutes Recht, sich über unsere Anwesenheit im Lager zu ärgern. Hatte er aber wirklich etwas gegen uns? Wir durften wohl annehmen, daß wir ihn nicht störten. Das wurde in den folgenden sechs Monaten dadurch deutlich, daß wir ihn zwar nie sahen, aber seine charakteristischen zehn oder zwölf röhrende Laute hörten und seine Spur fanden. Damit war bewiesen, daß er Elsas dauernder Begleiter blieb.

Er ließ sich nie blicken, legte aber mit der Zeit seine Scheu immer mehr ab. Es schien, als bestünde zwischen uns ein besonderes Einvernehmen. Er kannte unseren Tageslauf, und wir kannten seine Gewohnheiten; er teilte Elsas Freundschaft mit uns. Darum meinten wir, er habe als Gegenleistung hin und wieder eine Mahlzeit verdient. In Anbetracht seiner Haltung beschwichtigten wir unsere Gewissensbisse und blieben im Lager.

Eines Nachmittags stießen wir im Busch bei einem Spaziergang mit Elsa auf einen großen Felsbrocken mit einer Spalte. Elsa schnüffelte vorsichtig daran, schnitt ein Gesicht und schien kein Verlangen zu haben, näher heranzugehen. Dann hörten wir ein Zischen. Wir erwarteten, daß eine Schlange zum Vorschein käme, und George hielt das Gewehr schußbereit. Zu unserem Erstaunen tauchte jedoch der breite Kopf einer Waran-Eidechse, eines Monitors, aus dem Spalt auf, der sich behende ans Licht schlängelte. Es war ein riesiges, mehr als anderthalb Meter langes und dreißig Zentimeter breites Tier, das sich überdies noch dick aufgeblasen hatte. Die Eidechse bewegte den Kopf, schnellte die lange, gegabelte Zunge vor und schlug so kräftig mit dem Schwanz, daß Elsa es für ratsam hielt, sich zurückzuziehen.

Aus sicherer Entfernung bewunderte ich den Mut des Tieres. Obwohl es keine Waffen zur Verteidigung besaß, nur sein gefährliches Aussehen und den schlagenden Schwanz, den es wie ein Krokodil benutzte, hatte es sich entschlossen, den Schlupfwinkel zu verlassen und der Gefahr ins Auge zu sehen, anstatt sich von ihr im Versteck überraschen zu lassen.

Auf dem Rückweg bestiegen wir Elsas Lieblingsfelsen und machten ein paar Aufnahmen. Sie stellte sich in großartigen Posen, bis sie genau unter uns ihren Löwen rufen hörte, und lief dann den Felsen in einer steilen Spalte hinunter. Es war erstaunlich, mit welcher Leichtigkeit das schwere Tier an der fast senkrechten Felswand hinabglitt. Mehrere Tage sahen wir nichts von ihr. Da wir aber ständig ihren Löwen brüllen hörten, machten wir uns keine Sorgen um sie.

Am Nachmittag des 1. Dezember kam sie zurück und begleitete uns zu einem Regentümpel. Sie lag am Wasser, ich saß neben ihr und tötete die Tsetsefliegen, die um diese Stunde anfingen, sie zu plagen. Dabei las ich die »Busch-Zeitung«, das heißt, ich beobachtete die frischen Spuren um den Tümpel herum.

Plötzlich hörte ich George pfeifen, und als ich aufsah, bemerkte ich eine Herde von gut zwanzig Büffel-Kühen mit vielen Kälbern, die auf das Wasser zusteuerten.

Elsa starrte auf die Herde, duckte sich, den Kopf auf den Pfoten, vorsichtig zum Sprung und stürzte plötzlich in vollem Tempo auf die Herde los. Es donnerte und krachte von brechendem Holz, als die Büffel flohen, Elsa dicht hinter ihnen.

So schnell wir konnten liefen wir ihr nach und fanden sie keuchend vor einem Dickicht. Aus dem Buschwerk hörte man das böse Schnaufen der Büffel,

Einer unserer mächtigen Besucher im Morgenlicht

Morgendliches Bad — Morgendliche Spiele

Im Maul brachte Elsa eines der Jungen zu uns herüber

Pampo, der kleine anspruchsvolle Elefant, in Isiolo

die sich offenbar zusammengeschlossen hatten, um die Kälber zu verteidigen, und im nächsten Augenblick griffen mehrere wütende Kühe Elsa an. Sie kannte jedoch ihre Grenzen und zog sich zu George, zu mir und Makedde zurück. Dann machte sie noch ein paar Vorstöße, nahm aber genauso schnell ihre Verteidigungsstellung wieder ein.

George ließ die Herde auf fünfzehn Meter herankommen; dann hoben Makedde und er mit lautem Rufen das Gewehr und fuchtelten mit der freien Hand umher. Die Tiere wurden bei dieser seltsamen Vorstellung stutzig, machten nach einem Augenblick der Unentschlossenheit kehrt und verschwanden. Wir folgten ihnen mit Abstand, paßten jedoch gut auf, daß kein Büffel im Hinterhalt auf uns wartete, da sie für diesen Trick bekannt und gefürchtet sind.

Am nächsten Morgen mußte George uns verlassen. Ich blieb im Lager, und Elsa blieb drei Tage trotz der ununterbrochenen Rufe ihres Gefährten bei mir.

Eines Abends sah sie zum Fluß hinüber, erstarrte und stürzte dann in den Busch. Es folgte ein ohrenbetäubendes Paviangeheul, das schließlich von Elsas Brüllen zum Schweigen gebracht wurde. Bald antwortete ihr Löwe, der sich nur in etwa fünfzig Meter Entfernung aufgehalten haben mußte. Seine Stimme war viel kräftiger geworden und schien die Erde beben zu lassen. Elsa brüllte von ihrer Seite zurück. Ich saß zwischen ihnen und fürchtete schon, das liebende Paar würde sich bei meinem Zelt treffen, wo ich ihnen nichts zum Fressen anbieten konnte. Nach einiger Zeit hatten sie sich aber heiser gebrüllt, und es wurde still; außer dem Summen der Insekten drang kein Laut mehr aus dem Busch. Zum Glück kam George am nächsten Abend mit einer Ziege für Elsa zurück.

In der Regenzeit ist die Luft so von Feuchtigkeit durchtränkt, daß rohes Fleisch manchmal in weniger als zwei Tagen verdirbt. Um Elsas Vorräte möglichst lange frisch zu halten, erfanden wir einen »Busch-Kühlschrank«. Wir wickelten Blätter um das Fleisch, damit die Fliegen keine Eier darauf ablegen konnten, und hängten es etwa sechzig Zentimeter hoch an den Ast eines schattigen Baums.

Dieser Baum stand dicht bei dem Bau eines Monitors, in dem zur Zeit ein erwachsener und ein junger hauste, der sich gerade gehäutet hatte. Als ich eines Morgens zum Studio ging, sah ich, daß der alte Monitor gefräßig auf das Fleischbündel starrte, an das er nicht mehr heranreichte. Als er mich bemerkte, zog er sich hastig zurück. Kurz darauf hörte ich Blätter rascheln und sah den jungen Monitor. Ich blieb still stehen, und auf Umwegen kam er bis auf fünfzig Zentimeter an mich heran. Als er sich davon überzeugt hatte, daß ich harmlos war, ging er nach Hause. Dann kam der alte Monitor wieder, der vermutlich seinen Sprößling als Kundschafter ausgeschickt hatte, und kroch entschlossen auf das Fleisch zu. Einen Augenblick saß er da und betrachtete es, sprang dann hoch, berührte es und fiel zurück. Er sprang so oft, bis er sich schließlich festhalten konnte, und verschwand in der »Speisekammer«. Ich ließ ihm Zeit für eine reichliche Mahlzeit und klatschte dann in die Hände. Mit einem Plumps fiel er auf den Boden. Dabei sah er ziemlich lächerlich aus, denn aus dem vollen Maul hing ihm zu beiden Seiten das Fleisch. Er floh aber nicht, sondern saß bewegungslos und starrte mich an, als hoffte er, mich zu hypnotisieren. Da ich mich nicht rührte, schien er beruhigt und verschlang, ohne die Augen von mir zu wenden, seine Beute, so schnell er konnte. Erst als er seine Mahlzeit ganz beendet hatte, watschelte er davon.

Die Jungen kommen zur Welt

Wir hatten jetzt Mitte Dezember, die Jungen konnten jeden Tag zur Welt kommen. Elsa war so schwer geworden, daß jede Bewegung eine Anstrengung für sie bedeutete. Bei einem normalen Leben in der Wildnis hätte sie genügend Auslauf gehabt; jetzt mußte ich soviel wie möglich mit ihr spazierengehen, doch blieb sie am liebsten bei den Zelten. Wir waren neugierig, welchen Ort sie für ihre Niederkunft wählen würde, rechneten sogar damit, daß die Jungen in unserem Zelt geboren werden könnten, weil Elsa es immer als den sichersten Schutzwinkel angesehen hatte.

Wir bereiteten darum alles vor: legten eine Babyflasche, kondensierte Milch und Traubenzucker bereit, und ich las alle erreichbaren Bücher und Broschüren über die Niederkunft von Tieren und die dabei möglichen Komplikationen. Da ich keinerlei Erfahrung als Hebamme hatte, war ich nervös und ließ mich von einem Tierarzt beraten. Um herauszufinden, wie weit Elsas Schwangerschaft war, preßte ich meine Hand vorsichtig auf ihren Leib unterhalb der Rippen. Noch konnte ich keine Bewegungen fühlen und fragte mich, ob wir uns etwa im Datum geirrt hatten.

Der Fluß führte Hochwasser; darum gingen George und ich drei Meilen stromaufwärts zu den Stromschnellen, die bei Hochwasser besonders sehenswert sind. Vom Verdeck des Landrovers beobachtete Elsa unseren Abmarsch. Sie versuchte erst gar nicht mitzugehen und sah sehr müde aus. Der Busch, den wir durchqueren mußten, war dicht, und ich bedauerte, daß Elsa nicht bei uns war; sie hätte uns vor Büffeln und Elefanten warnen können, deren Losung wir überall fanden.

Der Anblick der Stromschnellen war großartig. Das schäumende Wasser stürzte durch Schluchten, donnerte über Felsen und floß in tiefen Strudeln davon.

Auf dem Rückweg, sobald wir außer Hörweite der Fälle waren, hörte ich Elsas vertrautes »hnk-hnk«, und schon sah ich sie, so schnell sie konnte, auf uns zulaufen. Sie war von Tsetsefliegen übersät, begrüßte uns aber erst liebevoll, bevor sie sich auf den Boden warf, um die Fliegen loszuwerden.

Ich war gerührt, weil sie die Anstrengung auf sich genommen hatte, uns entgegenzugehen, aber vor *allem* weil sie keinen Versuch unternommen hatte, ihren Löwen zu suchen, der die ganze Nacht bis neun Uhr morgens verzweifelt nach ihr gerufen hatte.

Das war für uns eine große Auszeichnung, ließ uns aber aufs neue befürchten, daß der Löwe es leid werden könne, Elsa mit uns zu teilen. Es hatte uns viel Zeit und Mühe gekostet, einen Gefährten für sie zu finden; es wäre unverzeihlich, wenn er sie unseretwegen verließe. Wir wollten, daß Elsas Junge als wilde Löwen aufwuchsen, und dafür brauchten sie ihren Vater.

Wir beschlossen darum, für drei Tage fortzugehen. Natürlich war das ein Risiko; die Jungen konnten in dieser Zeit zur Welt kommen, und Elsa würde uns brauchen. Die Gefahr, daß ihr Löwe sie verlassen könne, wäre jedoch das größere Übel gewesen. Darum fuhren wir nach Isola.

Als wir am 16. Dezember zurückkamen, fanden wir eine sehr hungrige Elsa vor. Zwei Tage blieb sie im Lager; vermutlich wegen der häufigen Gewitter, gegen die ihr das Zelt Schutz bot. Trotzdem machte sie zu unserer Verwunderung mehrere kurze Spaziergänge zum *Big Rock,* von denen sie aber immer bald zurückkam. Ihr Appetit war unglaublich; wahrscheinlich wollte sie sich für die vor ihr liegenden Tage eine Reserve anfuttern.

In der Nacht zum 18. Dezember kroch sie im Dunkeln durch die Dornenhecke, die mein Zelt umgibt, und verbrachte die Nacht neben meinem Bett. Das hatte sie bisher sehr selten getan, und ich sah darin ein Zeichen, daß sie ihre Stunde kommen fühlte.

Als George und ich am nächsten Tag spazierengingen, folgte uns Elsa nach. Immer wieder mußte sie sich hinlegen und verschnaufen. Sie quälte sich offenbar sehr. Wir gingen darum langsam zurück, aber zu unserer Überraschung lief sie in Richtung *Big Rock* davon.

In der folgenden Nacht kam sie gar nicht ins Lager, und am Morgen hörten wir sie mit schwacher Stimme rufen. Wir dachten, sie hätte die Jungen bekommen, und machten uns auf die Suche nach ihrer Fährte. Sie führte uns dicht an die Felsen, doch war das Gras dort so hoch, daß wir die Spur verloren; die Felskette ist etwa eine Meile lang. Wir suchten lange, fanden Elsa aber nicht.

Am Nachmittag zogen wir wieder los und konnten sie schließlich mit dem Feldstecher ausmachen. Sie stand auf dem *Big Rock,* und ihre Umrisse zeigten, daß sie noch tragend war.

Wir erklommen jetzt selbst den Felsen und fanden Elsa bei einem großen Felsbrocken neben einer breiten Kluft. In der Nähe wuchs etwas Gras, und ein kleiner Baum gab Schatten. Diese Stelle war immer einer von Elsas bevorzugten »Aussichtspunkten« und war nach unserer Meinung eine ideale Kinderstube, da die Kluft eine Höhle enthielt und Schutz gegen Regen und Gefahren bot.

Um Elsa die Initiative zu überlassen, warteten wir, und bald kam sie langsam und vorsichtig auf uns zu. Allem Anschein nach hatte sie große Schmerzen. Sie begrüßte uns zärtlich. Ich bemerkte, daß Blut aus der Vagina lief, ein sicheres Zeichen, daß die Wehen eingesetzt hatten. Trotzdem ging sie auch zu Makedde und zum Toto hinüber, die etwas zurückgeblieben waren, und rieb den Kopf an ihren Beinen, bevor sie sich hinsetzte.

Als ich mich näherte, stand sie auf und ging, den Kopf von uns abgewandt, an den Rand des Felsens. Sicher stellte sie sich an eine so abschüssige Stelle, damit ihr niemand folgen sollte. Immer wieder kam sie zurück, rieb ihren Kopf zärtlich an meinem und ging dann ostentativ zum Felsen zurück, um uns klarzumachen, daß sie allein bleiben wollte.

Wir entfernten uns ein wenig und beobachteten sie eine halbe Stunde lang durch den Feldstecher. Sie rollte sich auf dem Boden, leckte sich und stöhnte immer wieder. Plötzlich stand sie auf, ging vorsichtig den steilen Felshang hinunter und verschwand im dichten Unterholz.

Da wir ihr nicht helfen konnten, kehrten wir zum Lager zurück. Als es dunkel war, hörten wir ihren Löwen rufen; aber sie gab keine Antwort.

Fast die ganze Nacht über lag ich wach und dachte an Elsa. Als es gegen Morgen zu regnen anfing, wuchs meine Unruhe. Ich konnte kaum abwarten, bis es hell genug war, um loszugehen und nachzuschauen, was geschehen war.

Sehr zeitig brachen George und ich auf. Zuerst folgten wir der Spur von Elsas Löwen, der dicht beim Lager gewesen war. Er hatte den schon ziemlich verwesten, von Elsa seit drei Tagen verschmähten Kadaver einer Ziege in den Busch geschleift, ihn dort gefressen und sich dann zu der Stelle aufgemacht, wo Elsa gestern verschwunden war.

Wir fragten uns, was jetzt zu tun sei. Unsere Neugier sollte die Jungen nicht in Gefahr bringen; denn oft töten in der Gefangenschaft aufgewachsene Löwinnen ihre Jungen, wenn man sie kurz nach der Niederkunft stört. Wir vermuteten außerdem, daß ihr Löwe in der Nähe sei. Darum gaben wir lieber die Suche auf. George schoß einen großen Wasserbock, damit Elsa und ihr Löwe genügend zu fressen hätten.

Unterdessen kletterte ich auf den *Big Rock* und horchte eine Stunde lang nach Geräuschen, die mir vielleicht über Elsas Aufenthalt Aufschluß geben konnten. Ich spitzte die Ohren, doch alles blieb still. Schließlich konnte ich die Anspannung nicht mehr ertragen. Ich rief; keine Antwort. War Elsa tot?

In der Hoffnung, die Spur ihres Löwen würde uns zu ihr führen, nahmen wir sie wieder auf und verfolgten sie bis zu einem trockenen Flußbett in der Nähe des Felsens. Dort ließen wir den Wasserbock liegen. Wenn er ihn holen würde, konnten wir vielleicht Elsa finden.

Nachts hörten wir den Löwen aus weiter Ferne rufen und waren daher sehr erstaunt, als wir morgens seine Spur in der Nähe des Lagers fanden. Von dem Fleisch beim Lager hatte er nichts genommen, sondern war zu dem Wasserbock gegangen, den wir gestern dicht beim Felsen niedergelegt hatten. Über mehr als eine halbe Meile, durch unwegsames Gelände, Schluchten, Hohlwege, Felsen und dichtes Unterholz hatte er die Beute geschleift. Wir wollten ihn nicht bei der Mahlzeit stören und suchten darum weiter nach Elsa. Kein Zeichen von ihr war zu finden. Wir kehrten zum Frühstück ins Lager zurück und zogen danach gleich wieder los. Da sahen wir durch unsere Feldstecher einen großen Schwarm Geier auf den Bäumen hocken, an der Stelle, wo Elsas Löwe vermutlich seine »Beute« verspeist hatte.

In der Annahme, daß er mit der Mahlzeit fertig sei, näherten wir uns dem Platz. Auf allen Bäumen und Büschen saßen die Raubvögel und starrten auf das ausgetrocknete Flußbett mit dem Kadaver in der heißen Sonne. Da das Fleisch offen dalag und die Geier auf den Bäumen blieben, mußte der Löwe in der Nähe sein und die »Beute« bewachen. Er hatte sie offenbar nicht angerührt; vielleicht war auch Elsa in der Nähe, und ihr galanter Gefährte hatte ihretwegen die vierhundert Pfund schwere Last so weit geschleift. Wir hielten es für unklug, jetzt weiter zu suchen, und gingen zum Mittagessen ins Lager zurück. Später machten wir uns von neuem auf den Weg.

Als wir die Geier noch immer auf den Bäumen sahen, umkreisten wir den Platz und näherten uns vorsichtig gegen den Wind.

George, Makedde und ich waren gerade an dichtem Buschwerk vorbeigelaufen, das über einer tiefen Bodenspalte hing, als mich plötzlich ein ungemütliches Gefühl überkam. Ich sah zurück und bemerkte, wie der Toto, der mir auf den Fersen folgte, gespannt in das Gebüsch starrte. Dann hörten wir schreckliches Brummen und zurückschlagende Zweige; im nächsten Augenblick war alles wieder ruhig – der Löwe war verschwunden. Wir waren in zwei Meter Abstand an ihm vorbeigegangen. Wahrscheinlich kam mein Unbehagen daher, daß er uns die ganze Zeit genau beobachtet hatte. Als der Toto sich bückte, um genauer hinzusehen, konnte der Löwe dem nicht standhalten und ergriff die Flucht. Sie hatten sich direkt in die Augen gesehen, und der Toto beobachtete, wie der massige Löwenkörper in der tiefen Kluft verschwand. Mit dem Gefühl, großes Glück gehabt zu haben, gingen wir nach Hause und legten vor Einbruch der Nacht drei große Fleischportionen an verschiedenen Stellen aus.

Als es hell wurde, gingen wir die Vorräte inspizieren; alle waren von Hyänen gefressen. Beim Fluß fanden wir die Spur von Elsas Gefährten, aber keine von Elsa. Die kleinen Regentümpel waren längst ausgetrocknet. Es gab nur den Fluß, wo sie den Durst stillen konnte. Das Fehlen jeder Spur von Elsa beunruhigte uns. In der Nähe der Stelle, wo wir sie vor drei Tagen zuletzt gesehen hatten, fanden wir endlich einige Abdrücke, die von ihr stammen konnten. Voller Hoffnung untersuchten wir die Gegend am Fuß vom *Big Rock*. Vergebens.

Da die Geier nun auch verschwunden waren, hatten wir keinen Anhaltspunkt von ihrem Aufenthalt mehr.

Wieder legten wir beim Felsen und in der Nähe des Lagers Fleisch aus. Am Morgen stellten wir fest, daß Elsas Löwe einen Teil ins Studio geschleift und dort gefressen hatte, über den Rest waren die Hyänen hergefallen.

Seit vier Tagen hatten wir Elsa nicht mehr gesehen, und seit sechs hatte sie nichts mehr gefressen, es sei denn, sie hatte den Wasserbock mit ihrem Gefährten geteilt.

Wir nahmen an, daß die Jungen am 20. Dezember zur Welt gekommen waren. Sicherlich war es kein Zufall, daß ihr Löwe, der sich vorher seit Tagen nicht hatte blicken lassen, in jener Nacht kam und sich seitdem in der Nähe des Felsens aufhielt; diese Tatsache war ungewöhnlich.

Am Heiligen Abend holte George eine Ziege; ich setzte die erfolglose Suche nach Elsa fort, rief immer wieder nach ihr, bekam aber keine Antwort.

Traurigen Herzens schmückte ich unseren kleinen Weihnachtsbaum. In den vergangenen Jahren hatte ich stets einen improvisiert. Einmal war es eine kleine *Candelabra euphorbia*, deren symmetrische Zweige ich mit Rauschgoldketten schmückte und Kerzen in das weiche Gehölz steckte, dann wieder eine Aloe mit ihren groß ausgebreiteten Blütenstempeln oder manchmal ein Sproß der dornigen Balanitis, die sehr dekorativ ist und an deren langen Dornen sich Christbaumschmuck gut aufhängen läßt. Konnte ich nichts anderes auftreiben, steckte ich Kerzen in eine mit Sand gefüllte Schale und dekorierte sie mit Pflanzen, die ich in unserer halbwüstenartigen Umgebung fand.

Heute hatte ich einen richtigen Weihnachtsbaum mit glitzernden Rauschgoldzweigen, mit funkelndem Schmuck und mit Kerzen. Ich stellte ihn vor die Zelte auf einen Tisch, den ich mit Blumen und Grün bedeckt hatte. Dann suchte ich die Geschenke zusammen, für George, Makedde, Nuru, Ibrahim, den Toto und die anderen mit Tannenzweigen bemalte, versiegelte Umschläge mit Geld. Dazu bekamen sie Zigaretten, Datteln und Kondensmilch.

Als ich mich umgezogen hatte, war es auch schon so dunkel, daß ich die Kerzen anzünden konnte. Ich rief die Männer. Sie kamen in ihren besten Gewändern, lächelnd und etwas schüchtern, da sie noch nie einen richtigen Weihnachtsbaum gesehen hatten. Ich muß gestehen, daß ich selbst beim Anblick des kleinen silbrigen Baumes tief bewegt war, der in die weite Finsternis des umgebenden Urwalds hineinleuchtete und uns die Botschaft von Christi Geburt verkündete.

Am Weihnachtsabend fühle ich mich immer wie ein kleines Mädchen. Um die Verlegenheit zu überbrücken, erzählte ich den Männern von dem europäischen Brauch, Weihnachten mit einem Weihnachtsbaum zu feiern. Ich gab ihnen ihre Geschenke. Dann brachten wir drei kräftige Hochs auf Elsa aus. Der Klang unserer Stimmen schien in der Luft hängenzubleiben, und ich fühlte dabei einen Kloß im Hals. Lebte Elsa noch? Schnell befahl ich dem Koch, den aus Isiolo mitgebrachten Plumpudding herbeizubringen, ihn mit Brandy zu übergießen und anzuzünden. Doch stieg keine bläuliche Flamme auf; unser Weihnachtspudding war eine durchgeweichte Masse und roch verräterisch nach Worcestersoße. Offenbar hatte der Koch die Zeremonie noch nie zuvor ausgeführt und nicht auf meine Anordnungen gehört. Da George seine *Lea and Perrins* über alles liebte, schien es dem Koch nur recht und billig, auch den Plumpudding damit zu übergießen.

Doch waren wir nicht die einzigen, die von ihrem Weihnachtsessen enttäuscht wurden. Für Raubtiere unerreichbar, hatten wir eine tote Ziege aufgehängt, die wir holen wollten, falls Elsa uns besuchen sollte. Als wir im Bett waren, hörten wir ihren Löwen knurren und lange Zeit vergeblich nach dem Fleisch springen, bis er sich schließlich erschöpft zurückzog.

Zeitig am ersten Weihnachtstag machten wir uns wieder auf die Suche nach Elsa. Wir verfolgten die Spur des Löwen über den Fluß und kämmten den Busch an der Stelle durch, wo er den Wasserbock hingeschleift hatte. Nach stundenlangem, vergeblichem Suchen kehrten wir zum Frühstück um. Im Laufe des Vormittags schoß George eine angriffslustige Kobra, die wir dicht beim Lager fanden.

Hier leben die clownischen Paviane

Aus unserem »Gästebuch« — George und Makedde folgen der Fährte

Das war das Ende einer ständigen Gefahr für Elsa und ihre Jungen

Später gingen wir noch einmal zu der Felskette; irgend etwas sagte uns, daß Elsa sich dort aufhalten mußte, falls sie noch lebte. Wir schlängelten uns durch dichtes Gebüsch; ich kroch in jede Kluft, hoffte immer, sie zu finden, und verscheuchte die schreckliche Vorstellung, Elsa tot, vor den Geiern im undurchdringlichen Dornengebüsch versteckt, liegen zu sehen.

Wir waren jetzt alle erschöpft, setzten uns in den Schatten eines überhängenden Felsens und überlegten, was Elsa alles widerfahren sein könnte. Wir waren tieftraurig, und sogar Nuru und Makedde sprachen nur mit gedämpfter Stimme.

Wir versuchten uns Hoffnung zu machen und erzählten uns von jenen Fällen, wo Hündinnen ihre Jungen fünf bis sechs Tage lang nicht verlassen hatten, weil sie warmgehalten, gefüttert und massiert werden mußten, um die Verdauung in Gang zu bringen. Wir hatten zwar angenommen, daß Elsa sich ähnlich verhalten würde, doch das Fehlen jeglicher Spur von ihr war vollkommen unerklärlich. Auch Hündinnen besuchen kurz nach der Niederkunft ihre Herren, und da Elsa bis zu ihren Wehen uns mehr Zugehörigkeit gezeigt hatte als ihrem Gefährten, erschien es uns unwahrscheinlich, daß sie so schnell die Angewohnheiten einer wilden Löwin angenommen haben sollte.

Mittags kehrten wir zu einem sehr traurigen und schweigsamen Weihnachtsessen ins Lager zurück.

Plötzlich spürten wir eine rasche Bewegung, und bevor ich begriff, was geschah, war Elsa zwischen uns. Sie fegte alles vom Tisch, warf uns auf den Boden, setzte sich auf uns und überschüttete uns mit Glück und Zärtlichkeit. Als die Boys herbeieilten, wurden auch sie herzlich begrüßt.

Elsas Körper war wieder normal; sie machte einen ausgezeichneten Eindruck. Ihr Gesäuge war jedoch sehr klein und anscheinend trocken. Um die Zitzen zog sich ein kleiner, fünf Zentimeter breiter roter Kreis. Vorsichtig drückte ich eine Zitze. Es kam keine Milch. Wir gaben ihr Fleisch, das sie sofort fraß, während wir uns eine Menge Fragen stellten. Warum war sie zur heißesten Tageszeit gekommen, in der sie sich sonst kaum rührte? War es möglich, daß sie diese Stunde absichtlich gewählt hatte, als die sicherste, die Jungen allein zu lassen, weil sich nur wenig Raubwild während der Hitze herumtrieb? Oder hatte sie den Schuß gehört, als George die Kobra tötete, und als Zeichen für sich ausgelegt? Warum waren ihre Zitzen klein und trocken? Hatte sie die Jungen gerade gestillt? Doch das erklärte nicht, warum ihre Milchdrüsen, die sich während der Schwangerschaft so vergrößert hatten, nun zu ihrer normalen Größe zusammengeschrumpft waren. Waren die Jungen tot? Und was sonst auch geschehen sein mochte, warum hatte sie fünf Tage gewartet, bis sie zum Fressen zu uns kam?

Als sie eine tüchtige Menge verschlungen und genügend Wasser getrunken hatte, rieb sie zärtlich den Kopf an uns, ging dann etwa dreißig Meter den Fluß hinunter, legte sich hin und schlief. Wir ließen sie allein, damit sie sich nicht gestört fühlte. Als ich zur Teezeit nach ihr sah, war sie verschwunden.

Wir folgten ihrer Spur, die auf die Felskette hinführte, verloren sie aber bald und erfuhren deshalb immer noch nichts über das Schicksal der Jungen. Konnte ihre Mutter sie, falls sie am Leben waren, mit diesen trockenen Zitzen überhaupt nähren? Wir versuchten uns mit der Annahme zu beruhigen, daß die roten Ringe von einem Bluterguß beim Saugen herrührten, waren aber trotzdem in großer Sorge, weil wir von Experten wußten, daß vom Menschen aufgezogene Löwinnen häufig anomale, nicht lebensfähige Junge zur Welt bringen, wie es bei einer von Elsas Schwestern tatsächlich geschehen war. Wir mußten um jeden Preis wissen, was mit den Jungen los war, und sie notfalls retten. Darum suchten wir am nächsten Morgen fünf Stunden lang, fanden aber weder Losung noch einen geknickten Ast, ganz zu schweigen von einem Hinweis auf Elsas Spur, die uns zu ihrer Kinderstube geführt hätte.

Nachmittags setzten wir unsere vergebliche Suche fort. Während wir durchs Gebüsch schlichen, trat George fast auf eine außergewöhnlich große Puffotter, die er gerade noch erschießen konnte, bevor sie zum Schlag ansetzte.

Eine halbe Stunde später hörten wir einen Schuß, den Ibrahim als Zeichen, daß Elsa im Lager war, abfeuerte. Wahrscheinlich hatte sie auf den Schuß reagiert, den George auf die Puffotter abgab.

Sie benahm sich sehr zärtlich. Doch beunruhigte uns, daß ihre Zitzen immer noch klein und trocken waren, Ibrahim versicherte uns aber, daß bei ihrer Ankunft im Lager das ganze Gesäuge sehr groß war und tief herunterhing. Er erzählte uns weiter, ihr Benehmen sei ungewöhnlich gewesen. Als er das Gewehr aus der Küche holte, die in der Richtung lag, aus der sie gekommen war, sprang sie ihn böse an. Vermutlich fürchtete sie, er könne zu ihren Jungen gehen. Als er später das Fleisch aus dem Studio für sie holen wollte, das wir dort im Schatten für sie aufbewahrten, hinderte sie ihn daran, die »Beute« anzurühren.

Dann hatte sie sich auf den Landrover gesetzt, und Ibrahim bemerkte, daß ihr Gesäuge jetzt zur normalen Größe zusammengeschrumpft war. Sie hatte es, wie er sagte, »aufgekrempelt«, und er erzählte uns, daß Kamele und Rinder die Milch durch Zusammenziehen der Drüsen zurückhalten können. Besteht der Eigentümer darauf, Milch zu melken, muß er das Tier an einen Baum binden und Schröpfköpfe aufsetzen. Dadurch wird der Blutdruck in den Muskeln so weit erhöht, daß sich die Tiere automatisch entspannen und man sie melken kann. Ob der eigentümliche Zustand von Elsas Zitzen auch auf ein solches Zusammenziehen zurückzuführen war? Vielleicht besaß eine Löwin die gleichen Fähigkeiten. Es war sicher, daß sie das schwere Gesäuge beim Jagen behinderte, das außerdem leicht im dornigen Gestrüpp verletzt werden konnte.

Während wir uns über diese Fragen unterhielten, verschlang Elsa eine riesige Mahlzeit und machte es sich dann gemütlich. Sie zeigte keine Neigung, zu den Jungen zurückzugehen. Ich war darüber beunruhigt, denn es dunkelte, und jetzt kam die gefährlichste Zeit, die Jungen allein zu lassen.

Wir versuchten, sie zur Rückkehr zu überreden, indem wir den Pfad, auf dem sie gekommen war, hinabgingen. Sie folgte uns zögernd und horchte angespannt in Richtung der Felsen, kehrte aber bald wieder um. Ob sie wohl Angst hatte, wir würden ihr folgen und die Jungen finden? Seelenruhig ging sie zu ihrer »Beute« zurück. Erst als sie auch das letzte Restchen ordentlich weggeputzt hatte, verschwand sie zu unserer Erleichterung. Sie hatte also gewartet, bis es ganz dunkel war und wir ihr nicht mehr folgen konnten.

Jetzt waren wir sicher, daß sie sich um die Jungen kümmerte; doch nach den Vorbehalten der Tierexperten konnten wir erst froh sein, wenn wir uns überzeugt hatten, daß sie normal waren.

Vor unserer Fahrt nach Isiolo, wo wir die letzten drei Dezembertage verbringen mußten, unternahmen wir nochmals eine vergebliche Suche. Auf der Rückfahrt ins Lager stießen wir um ein Haar mit zwei Rhinozerossen zusammen und trafen später auf eine kleine Elefantenherde. Es blieb uns keine andere Wahl, als an den Kolossen vorbeizufahren und zu hoffen, daß alles gut gehen würde. Den großen Bullen aber störte das; er jagte uns eine ganze Weile. Mir machte das kein Vergnügen, denn Elefanten sind die einzigen wilden Tiere, vor denen ich Angst habe.

Wir hupten wiederholt, um Elsa anzuzeigen, daß wir kamen. Sie erwartete uns oben auf einem großen Felsen, dort, wo der Weg am *Big Rock* vorbeiführt.

Sie sprang hinten auf den Landrover zwischen die Boys, dann lief sie zum Anhänger, in dem sie eine große tote Ziege fand. Ich hatte sie selten so ausgehungert gesehen.

Sofort bemerkte ich, daß ihr Gesäuge wieder klein und trocken war. Ich preßte es, es kam aber keine Milch. Wir nahmen das als ein schlechtes Zeichen. Als sie sieben Stunden im Lager verbracht, gefressen hatte und immer wieder auf den Landrover sprang, glaubten wir bestimmt, daß sie keine Jungen mehr hatte, für die sie sorgen mußte. Erst um zwei Uhr morgens verließ sie uns.

Sehr zeitig brachen wir auf und folgten Elsas Spur, die zum *Big Rock* führte. In seiner Nähe lag eine nach unserer Meinung ideale Kinderstube für eine Löwenfamilie. Große Felsbrocken boten vollkommenen Schutz, und die Felsen waren von fast undurchdringlichem Buschwerk umgeben. Wir gingen geradewegs auf den höchsten Felsen zu und versuchten von dort, mitten in den »Unterschlupf« hineinzusehen. Wir entdeckten keine Spuren, doch sichere Anzeichen dafür, daß der Ort von Tieren als Liegeplatz benutzt worden war.

Ganz nahe der Stelle, an der wir Elsa zuletzt vor der Niederkunft gesehen hatten, fanden wir eine alte Blutspur; wahrscheinlich hatte sie dort die Jungen zur Welt gebracht. Andererseits waren wir bei einem unserer Streifzüge keinen Meter an der Stelle vorbeigegangen, und es erschien uns unwahrscheinlich, daß Elsa mit ihren Jungen dort versteckt gelegen haben sollte, ohne uns auf ihre Anwesenheit aufmerksam zu machen.

Als wolle sie uns beweisen, daß unsere Annahme falsch war, erschien sie plötzlich, nachdem wir eine halbe Stunde lang laut gerufen hatten, aus einem zwanzig Meter von uns entfernten Gesträuch. Sie schien so erschrocken über unsere Anwesenheit, daß sie uns anstarrte und sich ganz ruhig verhielt, als hoffte sie, wir würden nicht näher kommen.

Vielleicht waren wir jetzt so dicht bei ihrer Kinderstube, daß sie es für besser hielt, sich zu zeigen, um zu verhindern, daß wir die Jungen fanden. Etwas später kam sie näher und war mit mir, mit George, Makedde und dem Toto zärtlich, gab jedoch keinen Laut von sich. Zu meiner Beruhigung sah ich, daß ihre Zitzen doppelt so groß wie gewöhnlich und das Haar darum noch feucht vom Saugen war.

Kurz darauf ging sie langsam zum Gebüsch zurück, stand dort fünf Minuten lang, den Rücken zu uns gekehrt, und lauschte angespannt nach einem Geräusch aus dem Dickicht. Immer noch mit dem Rücken zu uns setzte sie sich hin. Es schien, als wolle sie uns damit andeuten: Hier beginnt meine Welt, überschreitet nicht diese Grenze!

Das war eine würdevolle Demonstration, Worte hätten ihre Wünsche nicht besser ausdrücken können.

Wir stahlen uns, so leise wir konnten, davon und machten einen Umweg, um auf den *Big Rock* zu klettern. Von dort aus sahen wir sie unverändert dasitzen. Offensichtlich hatte sie uns gewittert und wußte genau, was wir vorhatten, wollte aber nicht, daß wir ihren Lagerplatz entdeckten.

Erst jetzt erkannte ich, wie wenig wir trotz unserer Vertrautheit mit Elsa vom Leben der wilden Tiere wissen. Ich mußte lächeln, als ich daran dachte, daß wir uns sogar auf die Möglichkeit vorbereitet hatten, die Jungen könnten in unserem Zelt zur Welt kommen, und wie sehr es uns geschmeichelt hatte, daß dies der Ort sei, an dem Elsa sich am sichersten fühlte. Obwohl alle Fährten zu dem tieferliegenden Felsen führten, hielten wir es für möglich, daß die Jungen in dem Felsunterschlupf geboren waren und Elsa sie später dreißig Meter weit zu ihrem jetzigen Aufenthaltsort gebracht hatte. Sie war vermutlich nach der Regenzeit umgezogen, denn der neue Platz war zwar eine großartige Kinderstube, aber nicht vor Regen geschützt.

Wir wußten jetzt, daß wir Elsas Wünsche achten mußten und nicht wieder versuchen durften, die Jungen zu sehen, bis sie sie uns brachte. Wir waren sicher, daß sie das bestimmt eines Tages tun würde. Ich wollte im Lager bleiben, damit ich für Nahrung sorgen konnte und Elsa ihre Familie nicht länger als nötig unbeaufsichtigt lassen mußte, wenn sie für sie auf die Jagd ging. Außerdem wollten wir ihr die Mahlzeiten in die Nähe ihrer Kinderstube bringen, damit die Jungen so wenig wie möglich allein blieben.

Wir setzten unseren Plan sofort in die Tat um und fuhren nachmittags mit dem Wagen bis dicht an Elsas Lager heran. Elsa würde das Geräusch des Motors sogleich mit uns und Futter in Verbindung bringen. Als wir uns der Stelle näherten, an der wir sie zuletzt gesehen hatten, riefen wir »Maji, Chakula, Nyama« – das sind Suaheli-Wörter für Wasser, Futter und Fleisch, die Elsa kannte.

Bald erschien sie, zeigte sich zutraulich wie immer und fraß eine Menge. Während sie den Kopf zum Trinken in eine Schüssel steckte, die wir in den Boden gegraben hatten, damit sie fest stand, fuhren wir wieder weg. Als Elsa das Motorengeräusch hörte, sah sie auf, machte aber keine Anstalten, uns zu folgen.

Am nächsten Tag brachten wir wieder die Tagesration, doch ließ sich Elsa weder jetzt noch am Nachmittag, als wir wiederkamen, blicken. Nachts näherte sich ein fremder Löwe auf fünfzehn Meter unseren Zelten und schleppte die Fleischreste fort.

Nach dem Frühstück verfolgten wir seine Fährte, die zum *Big Rock* führte.

Die Spuren zeigten, daß dieser Löwe noch einen zweiten bei sich hatte. Wir hofften, daß sie Elsa Gesellschaft leisteten und ihr beim »Haushalt« halfen.

Am Fluß suchten wir nach einer Spur von Elsa, fanden aber keine. Als George kurz darauf eine neue Ziege holte, traf er sie jedoch dicht bei ihrem Felsen. Sie war sehr durstig. Die Aluminiumschlüssel war verschwunden. Vermutlich hatten die beiden anderen Löwen sie gestohlen. George ging noch einmal zum Felsen und fütterte Elsa. Ihr Appetit machte es unwahrscheinlich, daß die beiden anderen Löwen ihr von dem geraubten Fleisch abgegeben hatten.

Im Laufe des Tages fuhr George nach Isiolo, und Elsa blieb bis zum späten Nachmittag bei mir im Lager. Dann sah ich sie im Busch stromaufwärts verschwinden und folgte ihr. Offenbar wollte sie nicht beobachtet werden, denn als sie mich witterte, tat sie so, als schärfe sie sich die Krallen an einem Baum. Sobald ich ihr den Rücken kehrte, sprang sie mich an und warf mich zu Boden, als wolle sie sagen: Das ist die Belohnung dafür, daß du mir nachspioniert hast. Jetzt mußte ich so tun, als ob ich nur gekommen war, um ihr neues Futter zu bringen. Sie nahm meine Ausrede an, folgte mir und fraß von neuem. Danach aber konnte sie nichts bewegen, zu den Jungen zu gehen. Erst lange nach Einbruch der Dunkelheit, als ich im Zelt saß und las, war sie sicher, daß ich ihr nicht mehr folgen würde.

In den nächsten Tagen brachte ich regelmäßig Futter zu der Stelle, an der wir sie vermuteten. Sooft ich Elsa begegnete, war sie bemüht, den Platz ihres Lagers geheimzuhalten. Sie versuchte sogar, mich dadurch zu täuschen, daß sie auf einem Umweg zu ihrer Fährte zurücklief.

Als ich eines Nachmittags am *Big Rock* vorbeikam, sah ich dort oben ein seltsames Tier stehen. In der Dämmerung wirkte es wie eine Kreuzung zwischen Hyäne und jungem Löwen. Als das Tier mich bemerkte, sprang es mit den Bewegungen einer Katze davon. Sicher hatte es Elsas Junge ausgemacht, was mich sehr beunruhigte. Später brachte ich neues Fleisch. Auf meinen Ruf hin kam Elsa sofort. Sie zeigte sich besonders vorsichtig und dem Toto gegenüber feindlich. Während sie noch auf dem Verdeck meines Lastwagens saß und fraß, ging ich fort. Wir legten das Fleisch abends auf das Verdeck, um es vor der Habgier der Raubtiere zu schützen, die selbst, wenn sie dazu in der Lage gewesen wären, sich hüten würden, auf einen ihnen so unbekannten Gegenstand hinaufzuspringen. Ich war mir nicht schlüssig, wie ich am besten verfahren sollte. Legte ich weiterhin Fleisch in die Nähe von Elsas Kinderstube, konnte ich damit Raubtiere anziehen. Ließ ich hingegen das Fleisch in unserem Lager, so daß Elsa, um es zu holen, die Jungen allein lassen mußte, konnten sie leicht während ihrer Abwesenheit angefallen werden. Bei diesen beiden gleich unbefriedigenden Möglichkeiten entschloß ich mich, das Fleisch in der Nähe von Elsas Lager abzulegen. Als ich am nächsten Abend dorthin kam, hörte ich ganz nahe das Knurren mehrerer Löwen. Elsa war sehr nervös und sehr durstig.

Jetzt entschloß ich mich doch, ohne Rücksicht auf Elsas Mißfallen, herauszubekommen, wie viele Junge sie hatte und ob sie gesund wären. Dann konnte ich wenigstens im Notfall helfen. Am 11. Januar beging ich etwas Unverzeihliches. Ich ließ einen *Game Scout* mit einem Gewehr auf dem Weg unterhalb des Felsens zurück – Makedde war krank – und kletterte mit dem Toto, den Elsa am besten kannte, den Felsen hinauf. Dabei rief ich immer wieder nach ihr, um sie von unserem Kommen zu verständigen, aber sie antwortete nicht. Dann ließ ich den Toto seine Sandalen ausziehen, damit er geräuschlos weiterklettern konnte.

Oben, am Rand des Felsens, suchten wir das unter uns befindliche Buschwerk mit dem Feldstecher ab. Von der Stelle unmittelbar unter uns war Elsa das erste Mal aufgetaucht, als wir sie überraschten und sie auf Wache lag. Jetzt fanden wir aber nirgends eine Spur von ihr, doch machte der Ort den Eindruck einer bewohnten und noch dazu sehr geeigneten Kinderstube.

Obwohl ich meine ganze Aufmerksamkeit auf das Absuchen des Buschwerks unter mir konzentrierte, überkam mich plötzlich ein eigenartiges Gefühl. Ich ließ meinen Feldstecher sinken, wandte mich um und sah, wie Elsa von hinten an den Toto heranschlich. Gerade konnte ich ihn noch warnen, bevor Elsa ihn ansprang, um ihn hinzuwerfen. Sie war lautlos hinter uns den Fels heraufgeklettert, und der Toto entging nur um Haaresbreite dem Sturz in die Tiefe. Dabei half ihm, daß er barfuß war und so einen sicheren Stand hatte.

Jetzt kam Elsa zu mir und warf auch mich hin; sie tat es zwar auf freundschaftliche Weise, doch zeigte sie deutlich ihre Ungehaltenheit darüber, daß wir uns so nahe bei ihren Jungen aufhielten. Dann ging sie langsam auf dem Rücken des Felsens weiter und sah hin und wieder zurück, ob wir ihr folgten. Geräuschlos führte sie uns ans andere Ende des Felsens. Von dort kletterten wir ins Buschwerk hinunter. Sobald wir auf ebener Erde standen, lief Elsa voraus, wandte dabei wiederholt den Kopf, um sich zu vergewissern, ob wir mitkamen.

Auf diese Weise führte sie uns auf einem großen Umweg zurück, damit wir uns keinesfalls zu sehr den Jungen näherten. Sie blieb vermutlich deshalb vollkommen ruhig, um die Jungen nicht zu erschrecken und um zu verhindern, daß sie hervorkamen und uns folgten.

Auf unseren Spaziergängen pflegte ich Elsa dann und wann zu streicheln. Sie liebte diese Zärtlichkeit. Heute jedoch ließ sie mich nicht an sich heran und zeigte mir dadurch, daß ich in Ungnade gefallen war. Vor Einbruch der Dunkelheit ging sie nicht zu ihren Jungen zurück.

George war zur Ablösung aus Isiolo gekommen. Elsa hatte mir zu verstehen gegeben, daß ich ihr nicht weiter nachspionieren durfte. George hatte diese Erfahrung nicht selbst gemacht und darum weniger Hemmungen. Meine Neugier war ungeheuer, und ich hielt es für einen glücklichen Kompromiß, wenn er jetzt »das Verbotene« täte und ich dann davon profitieren würde.

Wir sehen die Jungen

Eines Nachmittags, während ich in Isiolo war, einhundert Meilen entfernt, kroch George vorsichtig Elsas *Big Rock* hinauf und spähte über den Felsen.

Unter sich sah er Elsa zwei Junge säugen. Da ihr Kopf durch einen überhängenden Felsen verborgen war, vermutete er, daß auch sie ihn nicht bemerkte.

George ging ins Lager zurück und holte eine Ziege von der Herde, die wir für Elsa hielten. Er legte das Fleisch nahe der Kinderstube ab und war neugierig, was nun geschehen würde. Elsa holte es nicht. Jetzt bekam er doch ein schlechtes Gewissen. Bisher hatte sie immer das Fleisch genommen, das wir ihr zu dem vermutlichen Lager brachten. Zeigte heute ihre Weigerung, sich der »Beute« zu nähern, daß sie Georges Nachspionieren doch bemerkt hatte? Als sie auch am nächsten Tag unser Lager nicht aufsuchte, fürchtete George, daß seine Vermutungen zutrafen. Abends erschien sie jedoch und war so ausgehungert, daß sie sich sogar herbeiließ, ein Dik Dik* zu fressen, das sie für gewöhnlich verschmähte; etwas anderes konnte er im Augenblick nicht für sie auftreiben. Und ich sollte erst in ein paar Tagen von Isiolo zurück sein mit einer neuen Reserve an Ziegen, die ich unterwegs gekauft hatte.

Wie froh war ich über die guten Nachrichten bei meiner Ankunft. Am Tag darauf fuhr George wieder nach Isiolo, und jetzt mußte ich Elsa mit der großen Menge Fleisch versorgen, das sie in dieser Zeit der Jungen wegen brauchte.

Zu mir und auch zu George war Elsa so zutraulich wie immer, ich durfte sogar die Knochen halten, an denen sie nagte, doch gegenüber Eingeborenen wurde sie immer zurückhaltender. Sogar ihren alten Freunden, Nuru und Makedde, die sie schon als Baby kannten, gestattete sie nicht die Vertrautheit, mit der sie Elsa vor der Geburt der Jungen behandeln durften.

Eines Tages kam Elsa kurz nach Mittag ins Lager und machte mir dann Sorgen, weil sie nach dem Fressen nicht zu den Jungen wollte.

Als es dunkelte, ging ich mit dem Toto in Richtung der Felsen, um sie dadurch zur Heimkehr zu bewegen. Zuerst folgte sie uns, dann aber lief sie

* Äthiopischer Name für eine sehr kleine Antilope.

ungefähr hundert Meter weit in den Busch und setzte sich so hin, daß sie uns mit dem Rücken den Weg versperrte. Kein Zureden half, sie rührte sich nicht von der Stelle. So gaben wir nach und kehrten in der Hoffnung um, sie werde zu den Jungen gehen, sobald wir außer Sicht waren.

Auch am folgenden Tag zeigte sie uns, daß sie entschlossen war, den Aufenthalt ihrer Jungen geheimzuhalten. Schweigend machten der Toto und ich einen Nachmittagsspaziergang am *Big Rock* vorbei. Plötzlich war Elsa bei uns, rieb den Kopf an meinem Knie und führte uns dann vom *Big Rock,* wo die Jungen waren, fort zu einer Gruppe kleiner Felsen, die wir *Zom Rocks* nannten.

Sie kroch in Schluchten, zwängte sich durch Spalten und schien sich ein Vergnügen daraus zu machen, uns durch unwegsames Gelände zu führen. Blieben wir zurück, so wartete sie auf uns; dabei winkte sie mit dem Kopf, als ob sie andeuten wollte, wir müßten ihr folgen. Schließlich setzte ich mich, auch um ihr zu zeigen, daß ich merkte, wie sie mich narrte. Darauf führte sie uns von den *Zom Rocks* fort durch Dornengebüsch, über Felsbrocken, immer weiter weg von ihrem Lagerplatz.

Manchmal schnupperte sie lange und außergewöhnlich an Stellen, die verdächtig nach Kinderstube aussahen, als wolle sie uns foppen und uns glauben machen, sie führe uns zu den Jungen. Wir näherten uns einer Stelle, an der sie mich im Spiel aus dem Hinterhalt anzufallen pflegte. Ich war müde und hatte keine Lust, mich umwerfen zu lassen; darum machte ich einen Umweg. Als sie es merkte, kam sie würdevoll aus ihrem Hinterhalt heraus, aber sichtlich enttäuscht, um ihr Vergnügen betrogen zu sein.

Der kurze Blick, den George auf die Jungen geworfen hatte, genügte nicht, sich zu vergewissern, ob sie normal waren, auch hatte er nicht beobachtet, ob, ihm verborgen, noch mehr da waren. Als Elsa am Nachmittag des 14. Januar zum Fressen bei uns war, leistete ich ihr Gesellschaft, während sich George zu den *Zom Rocks* davonmachte. Seit zwei Tagen hielt sie sich ununterbrochen in dieser Gegend auf, war also vermutlich mit der Kinderstube umgezogen.

George kletterte auf den mittleren Felsen und entdeckte in einer Schlucht drei Junge. Zwei schliefen, das dritte kaute an einer Sansevieria; es sah zu ihm hinauf. Da seine Augen noch trüb und bläulich waren, glaubte George nicht, daß der junge Löwe ihn bemerken konnte.

George machte vier Aufnahmen, die ihm aber kaum gelungen sein durften, da die Schlucht sehr dunkel war. Während George fotografierte, erwachten die beiden anderen Löwenbabys und krochen umher. Sie schienen ihm gesund und munter zu sein. Als George wieder ins Lager kam und mir die guten Nachrichten brachte, war Elsa noch bei mir und ohne jeden Argwohn.

Im Dämmern fuhren wir sie zu den *Zom Rocks*. Erst als wir uns rücksichtsvoll entfernt hatten und sie unsere Stimmen in der Ferne schwächer werden hörte, fühlte sie sich sicher, sprang vom Landrover und ging vermutlich zu ihren Kindern.

Danach fuhr George wieder nach Isiolo. Am Morgen nach seiner Abfahrt hörte ich Elsas Löwen vom jenseitigen Flußufer rufen, wartete aber vergeblich auf ihre Antwort. Am Nachmittag brüllte sie sehr laut ganz in der Nähe unseres Lagers und wurde erst still, als ich zu ihr kam. Sie schien sehr glücklich über mein Kommen und ging mit mir ins Lager. Sie fraß wenig und verließ mich, als es dunkelte.

Die nächsten beiden Tage kam sie nicht. Ihr Gefährte rief während der Nächte immer wieder nach ihr. Als ich am dritten Tag gerade beim Frühstück war, hörte ich am Fluß ein fürchterliches Gebrüll. Ich eilte hin und sah, wie Elsa am Wasser stand und so viel Lärm machte, wie sie konnte.

Sie sah erschöpft aus, wandte sich kurz darauf um und verschwand wieder am jenseitigen Ufer im Busch. Dieses eigenartige Verhalten konnte ich mir nicht erklären. Um die Teezeit kam sie zu einer hastigen Mahlzeit ins Lager und eilte dann zurück. Am folgenden Tag erschien sie nicht. In der Nacht darauf weckten mich dumpfe Schläge eines großen Tieres gegen meinen Lastwagen. Der Wagen stand unmittelbar neben der Dornenhecke. Wir benutzten ihn nachts als Stall für die Ziegen, um sie gegen Raubtiere zu schützen. Offenbar versuchte ein Löwe, an die Ziegen heranzukommen. Ich nahm an, daß es Elsas Löwe war. Elsa konnte es nicht sein, da sie sich für gewöhnlich durch ein tiefes, charakteristisches Rufen bemerkbar machte.

Ich horchte angespannt, machte aber kein Geräusch, da ich ja einen wilden Löwen in der Nähe vermutete. Als jedoch das Schlagen und Rattern so stark wurde, daß ich eine Beschädigung des Wagens befürchten mußte, ließ ich meine Taschenlampe aufleuchten. Das Resultat waren noch kräftigere Schläge.

Plötzlich hörte ich Elsas Löwen vom anderen Ufer rufen; griff sie also doch das Auto an. Sie schien wütend. In der Dunkelheit wollte ich nicht die Boys rufen, mich aus meiner Dornenhecke herauszulassen, da ich fürchtete, Elsas Lärmen könne ihren Gefährten veranlassen, ihr zu Hilfe zu kommen. So rief ich »Elsa, nein, nein«, ohne zu erwarten, daß sie gehorchen würde. Um so erstaunter war ich, als sie sofort einhielt und bald darauf verschwand.

Am folgenden Nachmittag, dem 2. Februar, saß ich im Studio und schrieb. Das ist ein Fleckchen am Flußufer, beschattet von den Zweigen eines großen Baumes, und dort arbeite ich. Plötzlich kam der Toto und berichtete, Elsa rufe ganz eigenartig vom anderen Ufer. Ich ging stromauf dem Ruf entgegen, bis ich nicht weit vom Lager durch das Unterholz zu einer Stelle kam, an der während der Trockenzeit auf unserer Seite eine breite Sandbank entstanden war und auf der anderen ein trockener Wasserlauf, der unmittelbar zum Fluß abfällt. Plötzlich hielt ich inne und wollte meinen Augen nicht trauen.

Nur wenige Meter vor mir stand Elsa auf der Sandbank, eines der Jungen neben sich. Das andere stieg gerade aus dem Wasser und schüttelte sich, das dritte war noch am anderen Ufer, lief hin und her und miaute ganz jämmerlich. Elsa aber sah mich mit einem Ausdruck von Stolz und Verlegenheit unablässig an.

Ich verhielt mich vollkommen ruhig. Elsa brummte ihren Jungen leise zu, »m-hm, m-hm«, ging dann zu dem eben an Land gestiegenen Jungen, leckte es zärtlich und wandte sich dem Kleinsten zu, das am anderen Ufer festsaß. Die beiden, die mit ihr zur Sandbank gekommen waren, folgten ihr auf dem Fuß, schwammen mutig durchs tiefe Wasser, und bald war die Familie am anderen Ufer wieder beisammen.

Dort, wo sie landeten, wächst ein Feigenbaum aus dem Felsen, dessen graue Wurzeln das Gestein wie ein Netz überziehen. Elsa ruhte sich in seinem Schatten aus. Ihr goldenes Fell hob sich lebhaft gegen das grüne Blattwerk und das silbergraue Gestein ab. Zuerst versteckten sich die Jungen, doch dann siegte die Neugier über die Schüchternheit. Verstohlen und vorsichtig sahen sie zu mir hin, dann kamen sie näher und starrten mich fragend an.

Elsas Brummen beruhigte sie, und als sie Furcht und Scheu überwunden hatten, krochen sie ihrer Mutter auf den Rücken und versuchten den schlagenden Schwanz zu erhaschen. Sie rollten zärtlich auf ihr herum, untersuchten die Felsen, quetschten die kleinen, dicken Bäuche unter die Wurzeln des Feigenbaumes und hatten mich bald vollkommen vergessen.

Nach einer Weile stand Elsa auf und ging zum Wasser, um wieder ans andere Ufer zu schwimmen. Eins der Jungen war dicht neben ihr und wollte mit ihr kommen.

Unglücklicherweise erschien in diesem Augenblick der Toto, den ich nach Elsas Futter geschickt hatte. Sofort legte Elsa die Ohren zurück und blieb bewegungslos stehen, bis der Boy das Fleisch hingelegt hatte und wieder

Joy Adamson mit den Löwen am Fluß

fortgegangen war. Dann schwamm sie schnell über den Fluß, gefolgt von einem Baby, das sich ganz dicht an sie hielt und doch keine Angst vor dem Wasser zu haben schien. Als Elsa beim Fressen war, kehrte der mutige kleine Kerl um und schwamm allein durchs Wasser, um zu seinen Geschwistern zu kommen oder ihnen gar zu helfen.

Sobald Elsa sah, daß der Kleine ins tiefe Wasser schwamm, stürzte sie ihm nach, holte ihn ein, nahm seinen Kopf ins Maul und tauchte ihn so lange, daß mit der arme Teufel leid tat.

Nach dieser Lektion für seine Waghalsigkeit packte sie ihn und brachte ihn im Maul an unser Ufer.

In diesem Augenblick faßte ein zweites der Jungen Mut und schwamm über den Fluß, dabei reichte der winzige Kopf gerade über das sich kräuselnde Wasser. Das dritte blieb mit ängstlicher Miene am anderen Ufer stehen.

Elsa kam zu mir, wälzte sich auf dem Rücken und zeigte ihre Zuneigung für mich. Es schien, als wolle sie den Jungen sagen, daß ich zum Rudel gehöre und sie mir trauen könnten.

Beruhigt krochen die beiden immer näher. Die großen, ausdrucksvollen Augen beobachteten dabei jede Bewegung von Elsa und mir, bis sie keinen Meter von mir entfernt waren. Nur schwer konnte ich der Versuchung widerstehen, mich vorzubeugen und sie zu berühren. Aber ich erinnerte mich der Warnung eines Fachmanns: niemals ein junges Tier zu berühren, bevor es selbst den ersten Schritt getan hat. Der Meter-Zwischenraum schien eine unsichtbare Grenze zwischen uns zu sein, die sie anscheinend nicht überschreiten wollten.

Während der ganzen Zeit miaute das dritte Baby kläglich vom anderen Ufer her und bat um Hilfe.

Elsa beobachtete es einen Augenblick, dann ging sie an die schmalste Stelle des Flusses. Die beiden Mutigen dicht neben sich, rief sie dem Schüchternen zu hinüberzuschwimmen. Als Antwort lief das Kleine nervös hin und her; es war zu ängstlich, um die Überquerung zu wagen.

Als Elsa seine Verzweiflung sah, eilte sie ihm zur Hilfe, gefolgt von den beiden Mutigen, denen Schwimmen Spaß zu machen schien. Im Nu waren alle wieder am anderen Ufer, wo sie sich damit vergnügten, den steilen Hang eines sandigen Trockenlaufs, der in den Fluß führt, hinaufzuklettern, an ihm hinunterzurollen, einer auf des anderen Rücken zu landen und auf dem Stamm einer am Boden liegenden Doumpalme zu balancieren.

Elsa leckte die Jungen zärtlich, sprach mit ihrer sanften, beruhigenden

Stimme zu ihnen, ließ sie nie aus den Augen, und sobald eines zu unternehmungslustig war, eilte sie ihm nach und brachte es zurück.

Ich beobachtete das Treiben eine Stunde lang, dann rief ich Elsa, die mir mit ihrer gewöhnlichen Stimme antwortete, die sich so sehr von der unterschied, mit der sie zu den Jungen sprach. Sie ging zum Wasser, wartete, bis alle Kleinen nachgekommen waren, und schwamm dann zu mir. Dieses Mal folgten ihr alle drei.

Sobald sie gelandet waren, leckte sie die Babys liebkosend; dann sprang sie mir nicht entgegen, wie sie es für gewöhnlich tat, wenn sie aus dem Fluß kommt, sondern ging ganz langsam, rieb sich zärtlich an mir, wälzte sich im Sand, leckte mein Gesicht und umarmte mich schließlich. Ihr Bemühen, den Jungen zu zeigen, daß wir Freunde waren, rührte mich. Diese beobachteten uns aus einiger Entfernung interessiert, aber verwirrt und entschlossen, außer Reichweite zu bleiben.

Dann gingen Elsa und die Jungen zu dem Kadaver. Elsa begann zu fressen, die Kleinen leckten und zogen am Fell der Ziege herum, schossen Purzelbäume und wurden darüber sehr aufgeregt. Dies war sicher ihre erste Begegnung mit einer »Beute«.

Nach unserer Berechnung waren sie jetzt sechs Wochen und zwei Tage alt. Sie waren in tadelloser Verfassung, hatten wohl noch einen bläulichen Schleier über den Augen, konnten aber allem Anschein nach ausgezeichnet sehen. Das Fell war weniger gefleckt und nicht so wollig, aber feiner und glänzender als das von Elsa und Elsas Schwestern im gleichen Alter. Ich konnte ihr Geschlecht nicht erkennen, bemerkte aber, daß der Kleine mit dem hellsten Fell lebhafter und unternehmungslustiger als die anderen beiden und seiner Mutter besonders zugetan war. Er schmiegte sich so dicht wie möglich an sie, am liebsten unters Kinn, und umarmte sie mit seinen kleinen Pfoten. Elsa war liebevoll und geduldig mit ihren Kindern und erlaubte ihnen, auf ihr herumzuklettern oder an ihren Ohren und dem Schwanz zu kauen.

Allmählich kam sie näher an mich heran und schien mich aufzufordern, mitzuspielen. Als ich meine Finger durch den Sand schob, hoben die Jungen zwar die runden Gesichter, hielten aber den einmal genommenen Abstand.

Als es dunkelte, lauschte Elsa aufmerksam, dann nahm sie die Jungen ein paar Meter in den Busch. Sekunden später hörte ich die Jungen saugen.

Ich ging zum Lager. Als ich ankam, war ich beglückt darüber, daß Elsa und die Jungen dicht bei meinem Zelt warteten.

Ich streichelte Elsa, und sie leckte meine Hand. Dann rief ich nach dem Toto, und gemeinsam brachten wir die Fleischreste vom Fluß herauf. Elsa beobachtete uns, und es schien mir, als freue sie sich, weil wir ihr die Mühe abnahmen, die schwere Last zu transportieren. Als wir auf zwanzig Meter an sie herangekommen waren, stürzte sie plötzlich mit angelegten Ohren auf uns zu. Ich befahl dem Boy, das Fleisch fallen zu lassen und sich ruhig zu verhalten. Dann zog ich es zu den Jungen hin. Sobald Elsa sah, daß ich mich allein mit der »Beute« beschäftigte, war sie beruhigt, und als ich sie zurechtgelegt hatte, begann sie zu fressen. Ich beobachtete sie eine Weile, dann ging ich zu meinem Zelt und war wieder überrascht, daß sie mir folgte. Sie warf sich auf den Boden und rief die Jungen, ihr nachzukommen. Doch sie blieben draußen und miauten. Bald darauf ging Elsa zu ihnen, und ich folgte ihr.

Wir saßen alle im Gras. An mich gelehnt, säugte Elsa ihre Jungen. Auf einmal fingen zwei an, sich um eine Zitze zu streiten. Elsa rollte sich in eine Lage, in der die beiden besser saugen konnten. Dabei lehnte sie sich wieder an mich, umarmte mich mit einer Pfote und schloß mich so in ihre Familie ein.

Es war ein friedlicher Abend. Langsam stieg der Mond hoch, gegen den sich die Doumpalmen abhoben. Außer dem Saugen der Babys hörte ich keinen Laut.

Wie viele Menschen hatten prophezeit, Elsa würde eine wilde und gefährliche Mutter werden, wenn sie erst einmal Junge zur Welt gebracht hätte. Hier saß sie jetzt zutraulich und zärtlich wie immer mit dem Wunsch, ich möge an ihrem Glück teilhaben. Ich fühlte mich sehr klein und demütig.

Freunde besuchen uns

Als ich am nächsten Morgen aufwachte, war von Elsa und den Jungen nichts mehr zu sehen. Außerdem hatte Regen in der Nacht jede Spur von ihnen verwischt.

Zur Teezeit kam Elsa allein. Sie war sehr hungrig; während ich ihr das Fleisch hielt, um sie abzulenken, und sie davon fraß, beauftragte ich den Toto, ihren frischen Spuren zu folgen, um zu erfahren, wo sich die Jungen jetzt befanden.

Bei seiner Rückkehr sprang Elsa auf meinen Wagen und beobachtete von dort, wie wir, ihrer Fährte folgend, in den Busch gingen. Ich verfuhr absichtlich so, um sie dazu zu bringen, wieder zu den Jungen zu gehen. Sobald sie aber merkte, was wir vorhatten, folgte sie uns, übernahm die Führung und lief rasch auf ihrer Spur zurück. Immer wieder wartete sie, bis wir keuchend nachkamen. Ich war gespannt, ob sie uns endlich zu ihrem Lager führen würde.

Als wir zum *Whuffing Rock* kamen – den wir so nannten, weil wir dort einmal Elsa mit ihrem Gefährten überrascht hatten und von ihrem unmäßigen Brüllen erschreckt wurden –, hielt sie inne, horchte, kletterte schnell den Hang halb hinauf, wartete, bis ich nachgekommen war, und stürzte dann weiter bis zum Sattel des Felsens, wo die breite Kluft zur anderen Seite abfällt. Vollkommen atemlos holte ich sie ein, aber als ich sie streicheln wollte, legte sie die Ohren an, knurrte böse und versetzte mir einen gehörigen Schlag. Es gab keinen Zweifel, ich war unerwünscht. Sofort zog ich mich zurück. Als ich den Fels halb hinabgestiegen war, sah ich mich um. Elsa spielte mit einem Baby, und ein zweites kroch gerade aus der Schlucht heraus.

Elsas plötzliche Sinnesänderung war mir schwer begreiflich, aber ich richtete mich nach ihren Wünschen und ließ sie mit ihrer Familie allein. Zusammen mit dem Toto, der im Busch unmittelbar unter dem Felsen auf mich gewartet hatte, beobachtete ich Elsa durch das Glas. Als sie merkte, daß wir in sicherer Entfernung waren, entspannte sie sich, und die Jungen kamen heraus, um mit ihr zu spielen.

Wieder sah ich, daß eines der Kleinen ihr viel mehr zugetan war als die

Die scheuen Jungen fraßen lieber außerhalb des Lichtkreises unserer Lampe

Eines der viereinhalb Monate alten Jungen (oben)
Ich ließ Elsa Fressen holen, um sie abzulenken

Nachmittagsbesuch von Elsa und ihren vier Monate alten Jungen

anderen. Es saß meistens zwischen Elsas Vorderpfoten und rieb den Kopf an ihrem Kinn, während die beiden anderen eifrig damit beschäftigt waren, die Umgebung zu erkunden.

George kam am 4. Februar aus Isiolo. Wie erfreut war er über meine guten Nachrichten. Nachmittags gingen wir zum *Whuffing Rock* und hofften, auch er würde die Jungen zu sehen bekommen.

Unterwegs hörten wir Paviane wütend bellen; vermutlich war Elsa der Grund ihrer Aufregung. Sobald wir uns dem Fluß näherten, riefen wir sie. Sie erschien sofort, war zutraulich, aber merklich beunruhigt und lief nervös zwischen uns und dem Buschwerk am Flußufer hin und her. Es schien, als wolle sie uns auf jeden Fall hindern, ans Wasser zu gehen, wo sie vermutlich ihre Jungen hatte. Aber warum sollte George sie nicht sehen? Schließlich führte sie uns auf einem großen Umweg zu unserem Lager zurück.

Zwei Tage später sahen wir sie nahe dem *Whuffing Rock*. Wir unterhielten uns laut, um sie auf unser Kommen aufmerksam zu machen. Sie tauchte aus dem Dickicht am Eingang der Kluft auf, stand ganz ruhig da und starrte uns an. Nach einer Weile setzte sie sich hin, ohne uns aus den Augen zu lassen – wir waren immer noch mehr als zweihundert Meter von ihr entfernt –, und brachte deutlich zum Ausdruck, daß wir nicht näher kommen sollten. Mehrmals wandte sie den Kopf zur Spalte hin und lauschte aufmerksam, behielt aber ihre Wachtpostenstellung bei.

Das zeigte uns unmißverständlich, daß es für sie etwas anderes war, wenn sie uns die Jungen brachte, als wenn wir zu ihnen gingen. Erst nach zwei Wochen kam sie mit den Jungen ins Lager, um sie George vorzustellen. Es lag nicht nur an ihr, daß es so lange dauerte, denn inzwischen mußten wir ein paar Tage nach Isiolo. Sie war unterdessen eines Morgens mit den Jungen im Lager gewesen und hatte uns gesucht, dort aber nur die Boys vorgefunden. Makedde berichtete, er sei ihr entgegengegangen, und da habe sie den Kopf an seinen Beinen gerieben. Eines der mutigen Jungen sei furchtlos auf ihn zugegangen. Als er sich hinhockte, um es zu streicheln, hatte es geknurrt und war zu den anderen gerannt, die sich abseits versteckt hielten. Bis zum Mittag blieben sie alle im Lager und verschwanden dann. Am Nachmittag kam Elsa allein wieder und verlangte Fleisch. Der Ziegenkadaver, der für sie bereitlag, war nicht mehr frisch, und so zog sie sich nach Einbruch der Dunkelheit enttäuscht zurück.

Eine Stunde später kam ich ins Lager. Makedde war begeistert über das wagemutige Junge und überzeugt, daß es ein Männchen sei. Er hatte sogar einen Namen für den Kleinen gefunden, einen, wie er sagte, beim Meru-Stamm sehr beliebten Namen, der ungefähr wie Jespah klang. Ich fragte ihn und die anderen, woher der Name stamme, und sie erklärten, daß er in der Bibel vorkomme. Da jeder ihn anders aussprach, ließ er sich nicht identifizieren. Dem Klang nach kam er Japhtah am nächsten, was »Gott läßt frei« bedeutet. Welcher Name konnte besser für den kleinen Löwen passen? Als wir später herausfanden, daß die Familie aus zwei Männchen und einem Weibchen bestand, nannten wir Jespahs vorsichtigen Bruder Gopa, das Suaheli-Wort für vorsichtig, und seine Schwester Klein-Elsa.

Am nächsten Tag erschien Elsa nachmittags. Sie freute sich sehr, mich zu sehen, und war sehr hungrig. Etwas später ging ich spazieren, damit sie unbemerkt zu ihren Jungen zurückkehren konnte. Als ich wiederkam, war sie auch tatsächlich fort.

Am nächsten Morgen nieselte es. Beim Aufwachen hörte ich Elsas typisches »Kinder-Brummen« vom jenseitigen Flußufer herübertönen. Ich sprang aus dem Bett und sah sie gerade in dem Augenblick, als sie über den Fluß schwamm; Jespah schwamm dicht neben ihr, die beiden anderen ein Stückchen hinterher.

Langsam kam sie auf mich zu, leckte mich, setzte sich neben mich und rief mehrmals nach den Jungen. Jespah wagte sich ziemlich dicht an mich heran, aber die anderen hielten immer noch Abstand. Ich holte schließlich Fleisch, das Elsa sofort in ein nahes Gebüsch schleppte. Die nächsten beiden Stunden verbrachten sie und die Jungen mit Fressen, während ich auf einer Sandbank saß und sie beobachtete.

Dabei redete Elsa ununterbrochen in leisem, miauendem Ton auf sie ein. Meistens saugten sie an dem Fleisch, bissen aber auch darauf herum. Elsa würgte von dem Fleisch nichts für die Jungen wieder aus. Bei der Riesenmenge, die sie beim letztenmal verschlungen hatte, konnte man jedoch annehmen, daß sie für die Jungen später einen Teil wieder von sich gegeben hatte. Doch das ist nur eine Annahme, wir haben nie beobachtet, daß sie es tat.

Die Jungen waren neun Wochen alt. Makeddes Vermutung, daß Jespah ein Männchen war, bestätigte sich jetzt. Er hatte einen Bruder und eine Schwester, denen wir nun die oben erwähnten Namen gaben.

Etwas später ging ich frühstücken. Da sah ich, wie Elsa die Jungen in großem Bogen zum Fahrweg führte. Langsam folgte ich ihr, um ein paar Aufnahmen machen zu können. Plötzlich hielt Elsa inne. Sie stand quer auf dem Weg und legte die Ohren zurück. Ich verstand die Zurückweisung und kehrte um. Ein letzter Blick zeigte mir, wie die Jungen in Richtung *Big Rock* hinter ihrer Mutter hersprangen. Sie liefen schon recht tüchtig, jagten sich und spornten sich gegenseitig an, mit ihrer Mutter Schritt zu halten. Bei aller Ausgelassenheit waren sie jedoch sehr folgsam und bereits zur Ordnung erzogen; sie gingen auch immer etwas abseits, um ihre Geschäfte zu verrichten.

Während der nächsten Tage besuchte uns Elsa häufig allein. Sie war noch immer sehr zutraulich, sie hatte jedoch einige Angewohnheiten abgelegt, seitdem die Jungen da waren. Nur selten sprang sie uns aus dem Hinterhalt an, war weniger spielerisch und schien viel würdevoller. Ich fragte mich, wo sie wohl die Jungen während ihrer langen Besuche verwahrte. Gab sie ihnen Anweisungen, sich nicht vom Fleck zu rühren, bis sie zurückkam? Oder versteckte sie die Kleinen an einem sicheren Platz?

Am 19. Februar kam George zum »Lagerdienst«. Ich fuhr nach Isiolo, wo ich Lord William Percy und seine Frau treffen wollte, um sie herzubringen und ihnen Elsa und die Jungen zu zeigen. Im allgemeinen ermutigten wir Besucher nicht, doch bei diesen alten Freunden machten wir eine Ausnahme, denn sie kannten Elsa von klein auf.

Bei unserer Rückkehr begrüßte uns George mit der Neuigkeit, daß er die Jungen gesehen habe. Noch vor Tagesanbruch hatten ihn Geräusche geweckt. Bei Elsas Wasserschüssel hörte er kurzes, schnelles und daneben langsames Schlabbern. Als er hinaussah, konnte er die verschwommenen Umrisse der Jungen, die um die Schüssel herumstanden, erkennen; wenige Augenblicke später waren sie alle auf und davon. Er berichtete weiter, Elsa sei in dem Augenblick, als er unser Motorengeräusch hörte, im Begriff gewesen, mit den Jungen über den Fluß zu schwimmen, dann aber im Busch verschwunden, als sie das herannahende Auto bemerkte.

Bald tauchte sie wieder auf, schien jedoch nervös und keine Lust zu haben, ins Lager zu kommen. Um sie zu bewegen, zu uns herüberzuschwimmen, rief ich sie an und legte Fleisch ans Flußufer.

Sie rührte sich nicht, bis ich bei unseren Freunden saß. Dann schwamm sie schnell über den Fluß, ergriff die Ziege und eilte damit zu den Jungen. Am jenseitigen Ufer zog sie die »Beute« auf einen Grasfleck, wo sich die ganze Familie zum reichlichen Mahl versammelte. Durch den Feldstecher konnten wir sie genau beobachten.

In der Dunkelheit hörten wir fürchterliches Brüllen und sahen im Schein unserer Taschenlampen, wie Elsa ihre »Beute« vor einem Krokodil verteidigte, das rasch im Wasser verschwand, als es uns gewahr wurde.

Die Besichtigung am Morgen zeigte, daß es dem Krokodil aber doch gelungen war, das Fleisch zu rauben. Es imponierte uns, daß Elsa immer wußte, wie weit sie bei diesen Reptilien gehen konnte. Sie zeigte nie Angst vor ihnen, obwohl im Fluß viele Krokodile hausten, die zum Teil gut dreieinhalb Meter lang waren. Elsa bevorzugte bestimmte Stellen, an denen sie den Fluß überquerte, und vermied stets das tiefe Wasser. Außerdem schien sie einen sechsten Sinn zu haben, mit dem sie die Nähe von Krokodilen spürte. Wie dieser Sinn funktionierte, wußten wir nicht. Wir selbst hatten unsere eigene Methode, um Krokodile auszumachen; sie reagierten auf einen bestimmten Ton, etwa auf »imn, imn, imn«, und wir bedienten uns dieses Rufes, wenn es nötig war.

Vermuteten wir ein Krokodil in der Nähe, dann versteckten wir uns und riefen immer wieder »imn, imn, imn«. Auf vierhundert Meter Entfernung kamen dann, wie von einem Magnet angezogen, alle Krokodile ans Ufer. Manchmal riefen wir so lange, bis unzählige häßliche Nasenlöcher wie Schnorchel aus dem Wasser ragten. Veränderten wir unseren Standort, so daß unser Rufen aus einer anderen Richtung kam, folgten sie uns. George hatte diesen Trick von afrikanischen Fischern am Baringo-See gelernt, der von Krokodilen geradezu verseucht ist.

Bevor der Fischer ins Wasser geht, postiert er in einiger Entfernung zwei Männer rechts und links von sich. Sie haben die Krokodile mit ihren Rufen abzulenken und zu erlegen, damit er in der Mitte unbelästigt fischen kann.

Wir fragten uns oft, was dieses »imn, imn, imn« für die Krokodile bedeutet. Regt es den Geschlechtstrieb an? Erinnert es an den Ruf der Jungen? Und vor allem: wie können die Tiere diese Töne hören, da doch nur die Nasen über dem Wasser stehen? Ob die Ohren die Tonschwingungen durch das Wasser wahrnahmen?

Wir wußten also, daß die Krokodile auf einen bestimmten Ton reagierten, wußten aber nicht, ob sie selbst Töne von sich gaben, durch die Elsa auf sie aufmerksam wurde. Die Tatsachen ließen es vermuten; Beweise hatten wir aber nicht.

Am nächsten Tag, als wir im Studio Tee tranken, kam Elsa allein. Sie schloß unsere Gäste in ihre freundschaftliche Begrüßung ein, ließ sogar ein paar Fotos über sich ergehen, verzog sich dann aber bald aus der Bildmitte. Sie liebte es nie, fotografiert zu werden, und zeigte seit der Geburt der Jungen dagegen noch mehr Abneigung.

Etwas später wurde sie von Lady Williams gezeichnet; auch das schätzte sie im allgemeinen nicht sehr, hatte aber heute nichts dagegen einzuwenden. Trotzdem blieb ich in der Nähe, falls es Elsa plötzlich nicht mehr behagen sollte, Modell zu stehen. Da sie sich aber gegen ihre Umgebung vollkommen gleichgültig zeigte, ging ich nach einer Weile fort. Kaum hatte ich ihr den Rücken gekehrt, als Elsa wie ein Blitz auf die Künstlerin zuschoß und sie temperamentvoll umarmte. Elsa wiegt fast dreihundert Pfund; die Gelassenheit, mit der Lady Williams die Umarmung ertrug, war bewunderungswürdig. Doch beschlossen wir, mit dem Porträtieren besser aufzuhören. Mit der Dämmerung verließ uns Elsa. Bald darauf hörten wir einen Leoparden »husten«, später, fast die ganze Nacht hindurch, eine lebhafte Unterhaltung zwischen Elsa und ihrem Gefährten.

Zur Teezeit am nächsten Tag sahen wir Elsa und die Jungen am gegenüberliegenden Ufer. Als sie uns bemerkte, führte sie ihre Familie eine Strecke stromabwärts und überquerte dort den Fluß. Wir holten rasch Fleisch, das Elsa sofort für die Jungen, die nicht zu sehen waren, ins Gehölz schleppte.

Später wurden sie alle durstig und kamen zum Trinken ans Ufer. Ich war glücklich, daß unsere Freunde diesen großartigen Anblick erleben konnten. Die vier Löwen standen dicht beieinander und streckten die Köpfe zwischen den spitzen, angewinkelten Ellenbogen vor. Zuerst schlabberten sie geräuschvoll und tauchten dann zum Spielen ins seichte Wasser ein. Sie waren bestimmt nicht wasserscheu, wie man es von Katzen im allgemeinen annimmt. Ein großer, vom Wasser umgebener Felsblock war ein idealer Platz, um »König der Burg« zu spielen. Ich dachte an die Zeiten, als Elsa und ihre Geschwister sich mit einem dicken Kartoffelsack als »Burg« hatten begnügen müssen.

Wie glücklich waren diese Löwenkinder in der idyllischen, anregenden Umgebung. Die Felskette, in der sie zur Welt gekommen waren, begann auf unserer Seite des Flusses, überquerte ihn und zog sich viele Meilen auf der anderen Seite hin. Sie war durchbrochen von Spalten und Höhlen, in denen Klippschliefer und andere kleine Tiere lebten. Überall war der Felsen von Urwald, voller Fährten und der Witterung wilder Tiere, umgeben. Dann war da der Fluß mit seinen Felsblöcken und Sandbänken, auf denen sich Schildkröten, die wie riesige Kieselsteine aussahen, in der Morgensonne aalten.

Natürlich gab es auch die gefährlichen und unfreundlichen Krokodile, doch lebten sie meistens in den tiefen Buchten des Flusses, die von Doumpalmen, deren gefiederte Wedel bis ins Wasser hängen, überschattet werden.

Die graugrüne, gefleckte Haut der Krokodile paßt sich ausgezeichnet der verwesenden Vegetation an, so daß man sie nur schwer ausmachen kann. Dann wieder wird der Fluß von Feigenbäumen umsäumt, von Akazien und Phoenix-Palmen, von denen Lianen und Ranken bis ins dichte Unterholz herabhängen und undurchdringliche Verstecke für die Tiere bilden.

In diesen Verstecken leben die graziösen Vervet-Affen, die clownischen Paviane, die türkisfarbenen Agamas und alle möglichen anderen Sorten von Eidechsen, manche mit leuchtend orangefarbenen Köpfen, andere mit lebhaft blauen Schwänzen; dort hält sich auch unser Freund, der Monitor, auf. Der Buschbock, manchmal auch der Kudu und der Wasserbock, kommen hierher zur Tränke. Der heruntergetrampelte Boden zeigt, daß auch Rhinozerosse und Büffel diese Stelle aufsuchen.

Von allen Tieren des Urwalds begeistern uns am meisten die vielfarbigen Vögel. Da gibt es Pirole, leuchtende Königsfischer, schillernde Sonnenvögel, den Fischadler und den Palmnußgeier und schließlich die schwarz-weißen, riesengroßen Hornvögel, deren rhythmisches Krächzen sich zu einem Crescendo erhebt und nur nachläßt, um von neuem anzusteigen.

Es gibt kaum einen reizvolleren Anblick als den grellfarbigen Sonnenvogel, wenn er sich im glänzenden Blattwerk und zwischen den stark duftenden Blüten der Gardenie, die so groß wie Untertassen sein können, bewegt.

Meine besonderen Freunde unter den Vögeln sind die fin-foot. Ich sehe gelegentlich ein Paar – denn sie sind sehr selten – mit den kurzen roten Beinen hastig über eine Sandbank eilen, wenn sie vor einer Gefahr davonlaufen.

Unsere Freunde schliefen schon, als George und ich noch einmal zu Elsa gingen. Wir fanden sie am Wasser, wo sie ein Krokodil beobachtete, dessen Kopf anderthalb Meter vor ihr aus dem Fluß ragte.

Wir wollten die Jungen nicht durch einen Schuß erschrecken, und so lockte ich Elsa mit einem ihrer Leibgerichte von der Stelle fort. Die Götterspeise besteht aus Hirn, Mark, Kalzium und Lebertran. Ich gab ihr diese Mischung, seitdem sie trächtig war, und sie hatte ihr nie widerstehen können. Auch jetzt folgte sie dem Gefäß, in dem ich das Futter trug, und setzte sich mit den Jungen ins helle Lampenlicht vors Zelt. Die Jungen fühlten sich von dem Lichtschein nicht gestört; vielleicht hielten sie es für eine neue Art Mond. Als ich ins Bett gegangen war, schaltete George den »Mond« aus und saß für einen Augenblick im Dunkeln. Die Jungen kamen bis auf Reichweite an ihn heran. Dann trabte die ganze Familie nach einem letzten »Trunk für

Schon mit sechzehn Wochen begannen die Jungen ihre Krallen zu schärfen

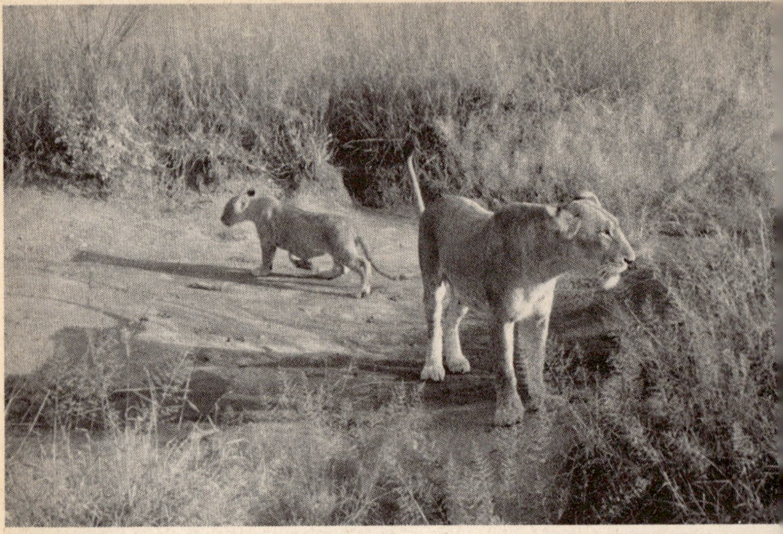

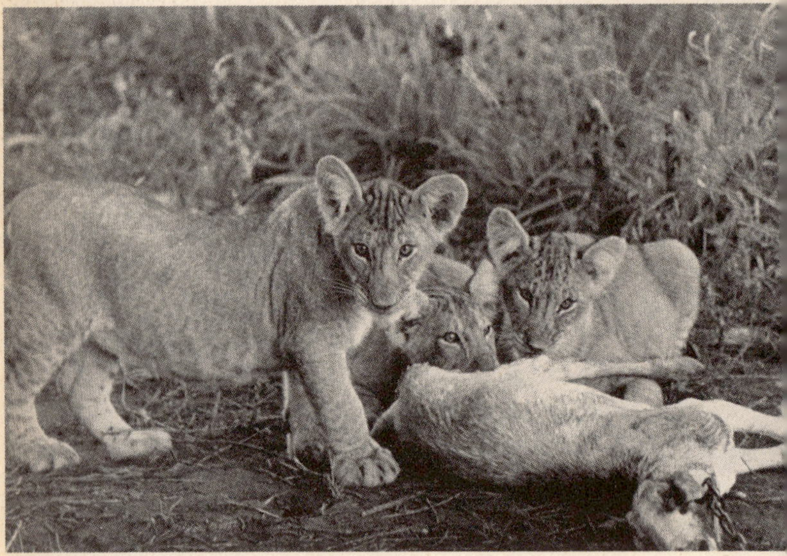

Nachmittagsbesuch der Familie im Abendlicht (links)
Die Familie auf einem ihrer Lieblingspalmstämme

Elsa kam abends ins Zelt, damit ich sie von den Tsetsefliegen befreite — Elsa und die fünf Monate alten Jungen

den Heimweg« in Richtung auf den *Big Rock* davon, von dem man bald darauf Elsas Gefährten rufen hörte.

Später wollte George die Reste der Ziege holen. Sie waren aber schon von einem Krokodil ins Wasser gezogen worden, und George schoß auf den Dieb, um das Fleisch zu retten.

Eines frühen Morgens besuchte Elsa das Lager, als noch alles schlief. Ich hörte sie und folgte ihr. Als ich sie rief, war sie schon im Wasser, kehrte aber sofort um, setzte sich mit mir auf eine Sandbank, miaute und machte den Jungen Mut, auch zu uns zu kommen. Sie näherten sich mir bis auf drei Meter, wollten sich aber augenscheinlich nicht berühren lassen. Ich freute mich darüber, da ich nichts weniger wünschte, als sie zahm zu machen.

Elsa schien über die Furcht der Jungen vor mir verwundert, gab aber schließlich ihre Bemühungen, unsere Beziehungen zu bessern, auf, schwamm mit ihrer Familie über den Fluß und verschwand im Busch.

Um zehn Uhr kam sie allein zurück, schnupperte unruhig im Unterholz am Flußufer herum und trottete schnüffelnd den Weg zurück, den sie am Morgen genommen hatte.

Wir sahen sie nicht mehr, hörten sie aber plötzlich böse knurren. Noch immer schnüffelnd kam sie auf dem gleichen Weg zurück, brüllte dann aus vollem Hals in Richtung des Felsens, stürzte sich ins Wasser und verschwand im Gebüsch des jenseitigen Ufers. Wir wußten uns dieses eigenartige Verhalten nicht zu erklären. Hatte sie etwa eines der Jungen verloren?

Gegen Mittag erschien Ibrahim mit drei Eingeborenen, die vorgaben, eine herumstreunende Ziege zu suchen. Ihre Bogen und vergifteten Pfeile schienen jedoch unsere Vermutung zu bestätigen: Die Jungen waren von den Eingeborenen erschreckt worden und davongelaufen. Mehrere Tage brachte Elsa die Kleinen nicht ins Lager. Eines Morgens fuhren wir unsere Freunde zu den herrlichen Stromschnellen des Tanaflusses, die nur wenige Europäer kennen, da sie fast unzugänglich sind.

Längere Zeit beobachteten wir dort die im seichten Wasser zärtlich miteinander spielenden Flußpferde. Ich dachte, daß es eigentlich ungerecht ist, wenn man bei diesen riesigen Kolossen, nur weil sie plump und häßlich sind, über Gefühlsäußerungen erstaunt ist, die man bei schönen Tieren für selbstverständlich hält. Schließlich haben sie ein angenehmes Organ, dessen dröhnender Ton an die tiefen Lagen eines Cellos erinnert.

Bei unserer Rückkehr fanden wir Elsa und die Jungen im Lager. Während wir unseren Aperitif tranken, taten sie sich an ihrem Abendbrot gütlich. Wir tranken schweigend, da die Jungen gegen die menschliche Stimme sehr empfindlich sind. Das Geschwätz der Boys in der abseits liegenden Küche störte sie nicht, sprach man jedoch in ihrer Nähe, verscheuchte sie selbst ein leises Wort. Es versetzte sie in die gleiche Angst wie das Klicken unserer Kamera.

Sie waren jetzt zehn Wochen alt, und Elsa begann sie zu entwöhnen. Wenn sie meinte, sie hätten genug getrunken, legte sie sich aufs Gesäuge oder sprang auf den Landrover. Wollten die Jungen also nicht verhungern, mußten sie Fleisch fressen. Sie zogen ihrer Mutter die Eingeweide der »Beute« aus dem Maul und schlürften sie mit geschlossenen Zähnen wie Spaghetti; was ihnen nicht schmeckte, spuckten sie, gleich ihrer Mutter, wieder aus.

Eines der Jungen wollte an diesem Abend unbedingt noch Milch haben. Hartnäckig schob es sich immer wieder unter Elsas Bauch, bis sie ausgesprochen böse wurde, dem Kleinen einen tüchtigen Klaps gab und dann auf den Landrover sprang. Das gefiel den Jungen gar nicht; sie stellten sich auf die Hinterbeine, legten die Vorderpfoten gegen den Wagen und miauten dabei zu ihrer Mutter hinauf. Die leckte sich jedoch seelenruhig die Pfoten, als ob sie die jammernden Kleinen überhaupt nichts angingen.

Hatten sie sich von ihrer Enttäuschung erholt, dann stürmten sie zu vergnügten Entdeckungsreisen davon, die sie aus dem Blickfeld ihrer Mutter führten. Elsa wurde unruhig, wenn die Jungen auf ihren Ruf hin nicht zurückkamen. Erschienen sie nicht sofort, sprang sie vom Wagen und brachte sie wieder unter ihre Obhut.

An den nächsten beiden Abenden kam Elsa ohne ihre Kinder ins Lager. Sie war überschwenglich liebevoll zu uns allen. Schwungvoll fegte sie unsere Gläser vom Tisch. Jetzt begriffen unsere Freunde, warum wir im Lager Steingutgeschirr und unzerbrechliche Gläser benutzten. Am dritten Abend brachte Elsa die Jungen wieder mit und verhielt sich genauso wie am Tage zuvor. Zu unserer Überraschung erschraken die Jungen überhaupt nicht, als unser Abendbrot mit lautem Gepolter auf dem Boden landete. Sie benahmen sich in unserer Gegenwart vollkommen ungezwungen. Darum wunderten wir uns, daß Elsa sie an den folgenden beiden Abenden bei einer offenen Salzlecke ungefähr hundert Meter entfernt zurückließ und sie zwang, artig sitzenzubleiben, während sie sich vor ihren Augen an einer reichlichen Portion gütlich tat.

Die ganze Nacht goß es in Strömen. Bei Regen flüchtete Elsa sich gewöhnlich in Georges Zelt. Auch jetzt kam sie herein und rief die Jungen, nachzukommen; doch blieben sie draußen. Allem Anschein nach machte ihnen diese Sintflut Spaß. So blieb der armen Mutter schließlich nichts anderes übrig, als auch hinauszugehen.

Wir hörten sie um das Lager herumtollen und glaubten dann, noch andere undeutliche Laute wahrzunehmen. Bei dem Dröhnen des Regens auf unseren Zelten merkten wir erst nach einiger Zeit, daß es die Stimmen unserer Freunde waren. Ihr Zelt war zusammengebrochen, und sie versuchten vergeblich, unter den nassen Planen herauszukommen. Wir eilten ihnen zu Hilfe und hofften, Elsa und die Jungen würden sich unserer Rettungsaktion nicht anschließen. Zum Glück blieben sie fern. Während wir im Licht der Taschenlampen die Heringe einschlugen, saß Elsa daneben und beruhigte ihre Jungen mit zärtlichem Miauen. Beim Morgengrauen hörte es auf zu regnen; Elsa führte ihre Kinder zum Felsen zurück, und wir trockneten die Sachen unserer Freunde.

Im Laufe des Tages fuhr ich mit ihnen nach Isiolo. George blieb im Lager. Jetzt, wo die Regenzeit anfing, würde jeder Transport schwierig werden, und deshalb mußten wir unsere Pläne danach einrichten.

Die Jungen im Lager

Nach zwei Tagen kam ich zurück, um George abzulösen. Ich merkte bald, daß ich die Boys von Elsa fernhalten mußte, solange sie die Jungen bei sich hatte. Sogar bei Makedde legte sie die Ohren an und beobachtete ihn mit halbgeschlossenen Augen und kaltem, mordgierigem Blick. Mir vertraute sie uneingeschränkt. Das zeigte sie auch daran, daß sie die Jungen unter meiner Obhut zurückließ, wenn sie an den Fluß zum Trinken ging.

Mehrere Nächte lang hatten wir schwere Gewitter. Blitz und Donner folgten so dicht aufeinander, daß ich mich fürchtete. Das Wasser strömte vom Himmel, als flösse es aus einer Wasserleitung.

Da Georges Zelt frei war, hätten Elsa und die Jungen dort gut unterschlüpfen können. Die angeborene Furcht vor dem Menschen war jedoch bei den Jungen zu groß, und sie zogen es vor, draußen pudelnaß zu werden. Dieser Zug war das deutlichste Merkmal ihres wilden Bluts. Wir wollten diese Neigung auf jeden Fall unterstützen, auch auf Kosten eines nassen Fells und gegen Elsas Absichten, die Jungen zu unseren Freunden zu machen. Häufig spielte sie eine Art »catch as catch can« mit den Kleinen; dabei umkreiste sie das Zelt, in dem ich saß, immer enger, als wolle sie die Jungen hineinbringen, ohne daß sie es merkten.

Zweimal stürzte sie ins Zelt und rief nach ihnen, während sie über meine Schulter sah. Doch alle ihre Bemühungen blieben ohne Erfolg. Die Kleinen überschritten nicht die sich selbst gesetzte Grenze. Anscheinend hatte Elsas Heranwachsen in menschlicher Umgebung den Raubtierinstinkt in ihnen nicht beeinflußt, der sie davor warnte, sich einer unbekannten Gefahr zu nähern. Damit, daß Elsa die Jungen fünf Wochen vor uns verbarg, hatte auch sie gezeigt, daß der Instinkt, die Neugeborenen zu schützen, in ihr lebendig geblieben war.

Jetzt war sie sichtlich enttäuscht, weil all ihre Bemühungen, ein Rudel aus uns zu machen, fehlschlugen. Schuld daran war zum Teil die Angst der Jungen vor dem Menschen und zum anderen unser in ihren Augen herzloser Mangel an Unterstützung ihrer Bemühungen. Sie war ratlos, dachte aber nicht daran, ihren Plan aufzugeben. Als sie eines Abends in mein Zelt kam, legte sie sich mit Absicht hinter mich und rief sanft nach ihren Jungen, um sie zu säugen. Dadurch wollte sie die Kleinen zwingen, ins Zelt zu kommen und dabei dicht an mir vorbeizugehen. Sicher wäre es ihnen lieber gewesen, wenn ich mich hinter ihre Mutter gesetzt hätte; und Elsa wollte offenbar, daß ich die Jungen ermutigte. Doch blieb ich, wo ich war und verhielt mich ganz ruhig. Wäre ich fortgegangen, hätte ich Elsas Absicht durchkreuzt, hätte ich die Jungen ermutigt, so wäre das gegen unseren Beschluß gewesen, sie nicht zu zähmen. Das tat mir leid, denn nur zu gern hätte ich den Jungen geholfen. Ebenso traurig war ich, als mich Elsa lange enttäuscht ansah und dann zu ihren Kindern hinausging. Wie sollte sie verstehen, daß ich ihr nicht half, weil wir den Jungen den Raubtierinstinkt erhalten wollten? Sie hielt mich für herzlos, während ich meine eigenen Gefühle zum Wohl ihrer Familie unterdrücken mußte.

Auch die Jungen waren von der Beziehung zwischen Elsa und mir beunruhigt. Jeden Abend fürchteten sie sich, wenn ihre von Tsetsefliegen gepeinigte Mutter sich vor mir hinwarf, damit ich sie von der Plage befreie.

Wenn ich auf Elsas Fell schlug, um die Fliegen zu töten, wurden die Jungen sehr aufgeregt. Vor allem Jespah kam näher und setzte zum Sprung an für den Fall, daß Elsa seine Hilfe nötig hätte. Zweifellos fanden die Jungen es seltsam, daß mir ihre Mutter für die Schläge dankbar war.

Einmal tranken Elsa, Jespah und Klein-Elsa vor dem Zelt aus ihrer Schüssel. Gopa war zu aufgeregt und wollte nicht näher kommen. Elsa ging bedachtsam zu ihm hin, knuffte ihn mehrmals und erreichte damit, daß auch Gopa den Mut fand, mit den anderen zu trinken.

Jespahs Charakter war ganz anders – er war fast zu mutig.

Eines Nachmittags, als sich alle bis zum Platzen satt gefressen hatten, brach Elsa zum Heimweg auf. Es war schon fast dunkel. Gopa und Klein-Elsa folgten gehorsam, aber Jespah hörte nicht auf zu fressen. Elsa rief ihn zweimal, doch er horchte nur für einen Augenblick auf und fraß dann weiter. Schließlich ging die Mutter mit unmißverständlicher Gebärde auf ihren Sohn los. Jespah merkte, daß er etwas zu erwarten hatte, ergriff das Fleisch, von dem ihm große Bissen zu beiden Seiten aus dem Maul heraushingen, und trottete hinter ihr her.

Um diese Zeit mußte ich für ein paar Tage nach Isiolo, und George kam zum »Dienst« ins Lager.

Die Stetigkeit, mit der sich die Jungen zu wahrhaftigen kleinen wilden Löwen entwickelten, überstieg unsere Erwartungen; ihr Vater jedoch war für uns eine Enttäuschung. Das war zum Teil unsere Schuld, weil wir die Beziehungen zu seiner Familie störten. Andererseits war er als Ernährer für sie keine Hilfe, denn er stahl oft sogar das für sie bestimmte Fleisch. Darüber hinaus machte er uns eine Menge Scherereien. Eines Abends versuchte er, eine Ziege aus meinem Wagen zu stehlen; ein anderes Mal, als Elsa und die Jungen vor unseren Zelten fraßen, witterte sie ihn plötzlich. Sie wurde nervös, schnaubte mehrmals in Richtung des Waldes, unterbrach ihre Mahlzeit und brachte die Jungen eilig fort. George ging mit der Taschenlampe hinaus, um zu sehen, was geschehen war. Er war noch keine drei Schritte gegangen, als ein böses Knurren ihn erschreckte. Der Löwenvater hatte sich in einem Gebüsch, zwei Schritte vor ihm, versteckt. George zog sich eilig zurück, und glücklicherweise tat der Löwe das gleiche.

Am nächsten Tag kam Makedde und berichtete, ein riesiges Krokodil schlafe dort, wo Elsa für gewöhnlich den Fluß überquert. George nahm das Gewehr und ging zu der angegebenen Stelle. Das Krokodil lag immer noch dort und war tatsächlich riesig. George erschoß es und maß seine Länge, es waren drei Meter fünfundsechzig; das ist wirklich eine Rekordlänge. Wenn ein solches Ungeheuer Elsa angegriffen hätte, wäre sie kaum mit heiler Haut davongekommen.

Unterdessen hatte ich in Isiolo auch meine Aufregungen. Eines Nachmittags saß ich auf den Stufen unserer Veranda, beobachtete die hinter den Bergen untergehende Sonne und hoffte, ein Schakal oder auch ein anderes Tier käme zum Trinken zu unserem Vogelbad. Dieses Vogelbad ist eigentlich ein großer, zur Hälfte durchgeschnittener Autoreifen, den wir eingegraben haben. Tagsüber kommen große Vögel, Eichhörnchen, Mungos und des Nachts Wasserböcke, Impalas, Zebras und Leoparden. Einmal leerte es sogar ein Elefant mit einem einzigen Zug.

In den letzten Nächten war, wie die Fährte zeigte, ein Stachelschwein zum Trinken gekommen. Um das Tier zu weiteren Besuchen zu ermutigen, hatte ich eine Banane hingelegt. Es war ein ruhiger, friedlicher Abend, und nur zögernd entschloß ich mich, ins Haus und ins Bett zu gehen. Außer einer bewaffneten Wache, die auf der hinteren Veranda schlief, war ich in dem abgelegenen Haus allein.

Plötzlich weckte mich das Geräusch schwerer Schritte; ich lauschte und hörte, wie es vom Wohnzimmer in Georges leeres Schlafzimmer herüberwechselte. Ich hatte zwar einen Revolver unter meinem Kopfkissen, war aber alles andere als mutig. Da ich dem Dieb keine Zeit zum Entkommen lassen wollte, während ich nach der Wache rief, stand ich auf und ging leise, während mir das Herz bis zum Halse schlug, in Georges Schlafzimmer. Ich erwartete, jeden Augenblick einen Schlag über den Kopf zu bekommen, fand aber niemanden. Alles war ruhig. Vorsichtig ging ich auf das Badezimmer zu, als ich plötzlich hinter der Tür lautes Rascheln hörte. Ich war wie gelähmt, schon allein deshalb, weil ich das Geräusch mit keinem mir bekannten in Verbindung bringen konnte. Bevor ich noch Zeit hatte, meine Furcht hinunterzuschlucken, rasselte ein wütendes Stachelschwein mit hochstehenden Stacheln böse gegen alles an, was ihm den Weg versperrte. Da mußte ich schallend lachen und weckte damit die Wache auf. Zu meiner großen Genugtuung sah ich den Mann, genauso ängstlich wie ich es gewesen war, durch die Tür spähen. Bald darauf zog sich das Stachelschwein zurück. Das war ausgesprochen entgegenkommend von ihm, denn wir wären kaum mit dem stacheligen Eindringling fertig geworden, ohne uns dabei zu verletzen. Noch lange wunderten wir uns, wie das Tier die Verandatreppe hinaufgekommen war.

Elsa hatte die Herzen Tausender von Menschen gewonnen und war tatsächlich über Nacht berühmt geworden. Wir freuten uns darüber, fürchteten aber auch, sie könnte das Schicksal aller Berühmtheiten erleiden und keine Ruhe, kein »Privatleben« mehr haben.

Aus der ganzen Welt schrieben Leute, sie würden gern zu uns kommen, um Elsa zu sehen. Nach all der Mühe, die wir uns gemacht hatten, um ihr und den Jungen die wilde Natur zu erhalten, wollten wir sie auf keinen Fall zu einer Touristen-Attraktion werden lassen. Wir konnten die Bewunderer, Touristen und unsere Freunde natürlich bitten, nicht in Elsas Lebensbereich einzudringen, aber rechtliche Möglichkeiten, Besucher fernzuhalten, hatten wir nicht. Vor allem fürchteten wir, Fremde könnten in unserer Abwesenheit Elsa reizen und damit ungewollt Unannehmlichkeiten verursachen.

Auf meinem Rückweg ins Lager wurde ich durch Überschwemmungen aufgehalten. Auf Ebenen, die wir durchfahren mußten, stand das Wasser stellenweise dreißig Zentimeter hoch. Dann wieder wühlten wir uns durch tiefen Schlamm. Mehrfach blieben wir stecken, und da ich nur Ibrahim und Nuru bei mir hatte, brauchten wir oft Stunden, um den Wagen auszugraben und wieder flottzumachen. Der vierte und letzte Fluß, den wir zu durchqueren hatten, führte so viel Wasser, daß wir nicht hindurchzufahren wagten. Es blieb uns nur übrig, anzuhalten und auf das Sinken des Wasserspiegels zu warten. Es dunkelte schon; die beiden gläubigen Mohammedaner wandten sich gen Mekka, warfen sich nieder und beteten.

Nuru war längere Zeit krank zu Hause gewesen und erst seit kurzem wieder bei uns. Jetzt ging es ihm wieder gut; verantwortlich für seine Krankheit machte er Elsa. Mich wunderte diese Beschuldigung, denn er war der Löwin immer sehr zugetan. Zufälligerweise fiel der Beginn seiner Krankheit mit dem Zeitpunkt zusammen, an dem wir ihm die Betreuung Elsas und ihrer Schwestern übertragen hatten. Deshalb war er davon überzeugt, sie habe den »Bösen Blick« auf ihn geworfen.

Um diesen Aberglauben zu zerstreuen, nahm ich Nuru mit ins Lager. Während wir in dem Nieselregen warteten, erzählte ich ihm von den Jungen, und er schien daran sehr interessiert.

Im Laufe der Nacht fiel der Fluß, und so erreichten wir das Lager in den ersten Morgenstunden. Das Geräusch des Wagens hatte Elsa auf uns aufmerksam gemacht. Sie begrüßte uns so stürmisch, daß es uns bei unserem erschöpften Zustand fast zuviel wurde.

Nachmittags wollten wir Nuru die Jungen zeigen und machten uns zu Elsas Lagerplatz auf den Weg. Plötzlich hörten wir sie in einem Gebüsch unmittelbar vor uns mit ihnen sprechen. Sekunden später stürzte sie heraus, begrüßte uns und machte um Nuru besonders viel Aufhebens. Sie war überglücklich, ihren alten Freund wiederzusehen, der sie gerührt streichelte und allen Aberglauben vom »Bösen Blick« über Bord warf. Nach dieser neugeschlossenen Freundschaft war er Elsa noch mehr zugetan als vor seiner Krankheit. Ihre Jungen zeigte sie ihm jetzt noch nicht, sondern brachte sie erst am Abend ins Lager.

Im Gegensatz zu ihrer Mutter kannten die Jungen kein vom Menschen erfundenes Spielzeug. Sie balgten sich im hellen Lampenlicht und fanden immer ein Stück Holz, um das es sich zu streiten lohnte. Manchmal spielten sie Verstecken oder »Hinterhalt«. Oft umklammerten sie sich so fest, daß das Opfer auf dem Rücken lag und sich mit allen vieren freistrampeln mußte. Elsa spielte meistens mit. Trotz ihres Körpergewichts sprang und hüpfte sie herum, als sei sie selbst noch ein Kind.

Wir hatten zwei Wasserschüsseln für sie bereitgestellt; eine kräftige Aluminiumschüssel und einen alten Stahlhelm, den wir auf ein Stück Holz montiert hatten und aus dem Elsa seit ihren Kindertagen trank. Die Jungen bevorzugten den Stahlhelm. Immer wieder stießen sie ihn hinunter und waren entsetzt über den Krach, der dabei entstand. Hatten sie sich von dem Schrecken erholt, beobachteten sie den glänzenden, rollenden Gegenstand mit erhobenem Kopf, bis sie ihn schließlich vorsichtig untersuchten.

Die Löwenfamilie am Tage beim Spielen zu fotografieren war schwierig, denn tagsüber waren sie weniger lebendig. Die beste Gelegenheit bot sich stets am späten Nachmittag. Dann gingen die Kleinen zu ihrem Lieblingsspielplatz nahe einer Doumpalme, die am Flußufer, zweihundert Meter vom Lager entfernt, entwurzelt lag. Dieser Platz bot alle nur möglichen Vorteile. Man überblickte von dort weites, offenes Gelände, und daneben war dichter Busch, in dem man bei Gefahr verschwinden konnte. Nicht weit entfernt befand sich eine Salzlecke und schließlich auch der Fluß, falls das Wild trinken wollte. Außerdem legte ich oft einen Tierkadaver in der Nähe aus.

George und ich saßen dann im Gebüsch und machten Aufnahmen, wie die Jungen auf dem gestürzten Baum herumkletterten und ihre Mutter neckten, die auf sie aufpaßte. Sie wußten, daß wir nicht weit waren, aber das störte sie nicht. Erschien jedoch ein Eingeborener, und sei es nur in der Ferne, unterbrachen sie das Spiel, und die Jungen versteckten sich sofort im Gebüsch. Elsa trat dem Eindringling mit angelegten Ohren und furchterregendem Ausdruck entgegen.

Am 2. April fuhr George nach Isiolo zurück. Ich blieb im Lager. Im Laufe der Zeit beobachtete ich, wie die Jungen auch mir gegenüber immer scheuer wurden. Sie stahlen sich lieber im weiten Bogen durchs Gras zu ihrem Fleisch, als daß sie ihrer Mutter auf geradem Weg folgten, der sie dicht an mir vorbeigeführt hätte.

Damit Raubtiere das Fleisch nachts nicht stehlen konnten, zog ich es von der Doumpalme zu meinem Zelt, wo ich es mit einer Kette befestigte.

Die Last war oft sehr schwer, und Elsa beobachtete mit Genugtuung, wie sehr ich mich anstrengen mußte, um die »Beute« für sie in Sicherheit zu bringen. Weniger zufrieden war Jespah, wenn er sah, daß ich seine »Beute« berührte. Nach einigen mehr spielerischen Angriffen fiel er mich mitunter tatsächlich an, wobei er sich zum Sprung tief duckte und dann mit voller Kraft auf mich losstürzte. Elsa eilte mir sofort zu Hilfe. Sie stellte sich zwischen ihren Sohn und mich und gab ihm obendrein noch einen kräftigen, wohlgezielten Puff. Anschließend saß sie dann lange bei mir im Zelt. Ihren Sohn Jespah, der verwirrt draußen blieb, beachtete sie überhaupt nicht; er kauerte bei der Stahlhelm-Schüssel, hielt den Kopf dagegengelehnt und schlabberte hin und wieder träge.

Ich war von Elsas Verhalten gerührt und verstand zugleich, daß Jespah die Mißbilligung seines instinktgemäßen Verhaltens durch seine Mutter nicht begriff. Sorgfältig bemühte ich mich, die Eifersucht des kleinen Kerls nicht zu

wecken. Jespah war noch nicht groß genug, um wirklichen Schaden anzu-
richten, doch mußten wir unbedingt ein freundschaftliches Verhältnis zwischen
uns und den Jungen herstellen, solange sie mit dem Futter von uns abhängig
und noch nicht so groß waren, daß sie uns gefährlich werden konnten. Das
Problem war nicht einfach; denn wir wollten verhindern, daß sie sich
feindlich gegen uns stellten, wollten sie aber andererseits nicht zu zahmen
Tieren machen. Selbst Elsa schien jetzt unsere Schwierigkeiten zu verstehen
und tat das ihrige, sie zu lösen. Sie bestrafte Jespah, wenn er mich angriff,
um seine Mutter zu schützen, wies aber auch mich in die Schranken, wenn sie
glaubte, ich würde mit den Kindern zu vertraulich. Kam ich ihnen etwa beim
Spielen zu nahe, sah sie mich mit halbgeschlossenen Augen an, ging langsam
und entschlossen auf mich zu und umfaßte freundlich, aber bestimmt meine
Knie. Dabei war mir klar, daß der Griff fester werden würde, wenn ich den
Wink nicht verstünde und mich nicht zurückzöge.

Viele Stunden verbrachte Elsa auf dem *Big Rock*. Eines Tages machte ich
mich mit der Kamera dorthin auf. Nuru hatte ich zum Tragen der vielen
Kleinigkeiten mitgenommen. Ich hoffte, einige Aufnahmen machen zu können, zum Beispiel die Silhouette der Tiere gegen den Himmel oder etwa die
Szene, die ich besonders liebte, wie Elsa, von den Jungen gefolgt, den steilen
Hang herabkam und immer wieder auf sie wartete, wenn sie sich an den
schwierigen Stellen abmühten. Gerade als wir die Kamera aufgestellt hatten,
erschien Elsa oben auf dem Felsen. Als sie uns erblickte, setzte sie sich und
rührte sich eine Stunde lang überhaupt nicht. Dann verschwand sie. Erst kurz
vor Sonnenuntergang kam sie wieder und zog sich sofort zurück, als sie uns
immer noch warten sah. Erst als es zum Fotografieren zu dunkel war und
wir die Kameras einpackten, erschien sie mit den Jungen. Zwei Tage lang
waren sie nicht im Lager gewesen, mußten also sehr hungrig sein. Ich hätte
gern gewußt, ob sie in der Zeit mit ihrem Gefährten zusammen war oder ob
sie etwas gegen die Anwesenheit unserer Boys hatte.

Abendtrunk

Familienleben mit Elsa und Jespah

Mutter und Tochter — Unerwartete Störung

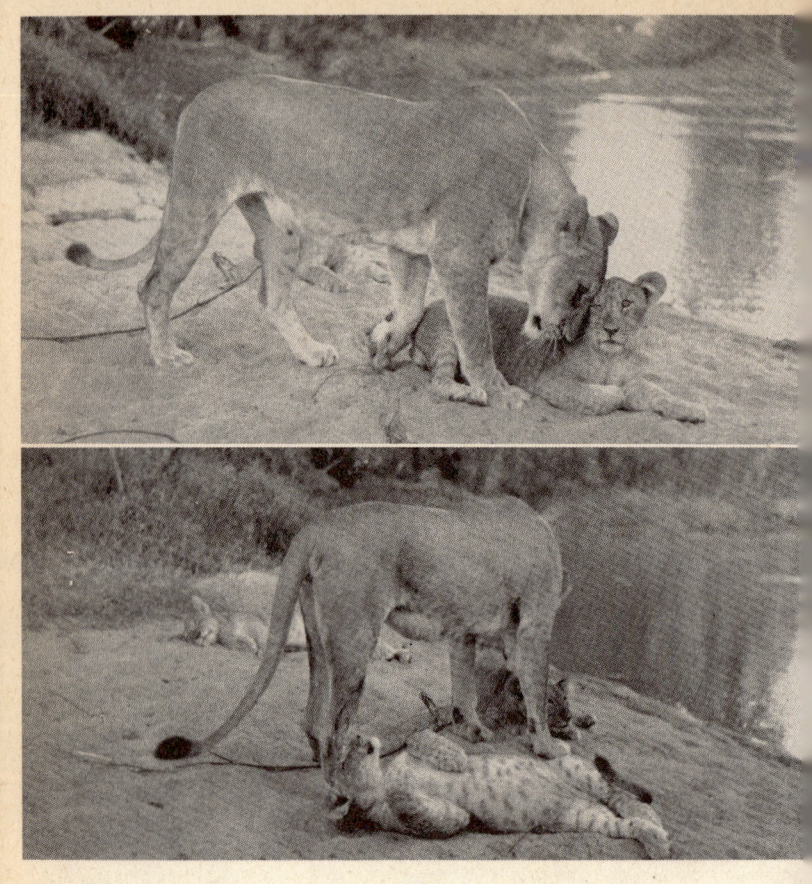

Während der Siesta teilt Elsa der Reihe nach Liebkosungen aus

Der Charakter der Jungen

Eines Morgens wurde ich von einem Landrover geweckt, der mir die Nachricht vom bevorstehenden Besuch zweier englischer Journalisten, Godfrey Winn und Donald Wise, brachte. Es hieß, sie würden auf der nächsten Rollbahn landen, wo George sie erwarten und mit ihrem Piloten ins Lager bringen sollte.

Ich erschrak darüber sehr, denn wenn Elsa die Jungen bei sich hatte, war sie unberechenbar – kürzlich hatte sie sich sogar gegen Nurus Anwesenheit gesträubt. Wie würde sie sich Fremden gegenüber verhalten? Ich schickte den Fahrer mit einer Nachricht für George zurück und bat ihn, mit der Gesellschaft zehn Meilen vor dem Lager zu warten, wo ich sie treffen wollte. Um ganz sicher zu gehen, daß meine Bitte beachtet würde, schickte ich ihnen nach dem Mittagessen Ibrahim mit einer zweiten Nachricht einige Meilen entgegen, damit er den Wagen, wenn nötig, abfangen konnte.

Als nach all diesen Vorsichtsmaßnahmen die Gesellschaft doch im Lager erschien, war ich entsetzt. Ich war gerade dabei, den Gästen klarzumachen, daß es besser sei, ein Stück zurückzufahren, als ich schon Elsas »mhn, mhn« hörte. Wahrscheinlich hatte sie das Motorengeräusch herbeigerufen. Jedenfalls war sie nun da und die Jungen auch. So blieb mir nichts anderes übrig, als so gut es ging mit der Situation fertig zu werden.

Ich bat unsere Gäste zunächst einmal ins Studio zum Tee. George band unterdessen einen Kadaver an den Stamm der entwurzelten Doumpalme, damit wir Elsa und die Jungen beim Fressen beobachten konnten. Ich erzählte Mr. Winn, ich hätte nicht die Absicht, Elsa und ihre Familie selbstsüchtig für mich zu beanspruchen, legte aber Wert darauf, daß die wilde Lebensweise den Löwen erhalten bliebe. Dazu gehöre der Schutz ihrer eigenen Lebenssphäre. Außerdem wollte ich alle künftigen Scherereien vermeiden, die durch eine Gewöhnung an Besucher entstehen könnten. Beide Herren zeigten sich sehr verständnisvoll und versprachen mir, daß alles, was sie über ihren Besuch veröffentlichen würden, die Leser veranlassen werde, Elsas Leben als wildes Tier zu achten.

Wir verbrachten einen reizenden Abend miteinander, obwohl wir vorsichtshalber im Dunkeln hinter dem Zelt aßen, um nicht von Elsa gesehen zu werden, die sich unterdessen auf der anderen Seite gütlich tat. Als unsere Gäste am nächsten Morgen aufbrachen, tat es mir leid, sie zuerst so unwillig empfangen zu haben.

Am folgenden Abend banden wir einen Kadaver dicht bei unserem Zelt fest. Bald kam Elsa und gab sich große Mühe, die Jungen zum Mitmachen zu bewegen. Sie tänzelte umher und versuchte alle möglichen Schliche, sie zu überlisten und ihre Furcht zu brechen; aber nicht einmal Jespah wagte sich ins Lampenlicht. Später hörten wir ihren Vater rufen. Am Morgen waren Elsa und ihre Kinder verschwunden.

Als George am 8. April nach Isiolo fuhr, blieb ich zurück. Eines Abends verzog Elsa das Gesicht bei dem Fleisch, das ich ihr gab. Die Boys erzählten mir dann, die Ziege sei krank gewesen. Offenbar hatte Elsa ihr Instinkt gewarnt. Auch die Jungen wollten das Fleisch nicht anrühren. Im allgemeinen waren sie bemerkenswert gefräßig, vertilgten ungeheure Mengen und bestanden darauf, daß Elsa sie zusätzlich säugte.

An diesem Abend lag Elsa neben mir, den Kopf an meine Schulter gelehnt. Mit geschlossenen Lippen brummte sie ihr klangvolles »mhn-mhn« zu den Kleinen hinüber, die aber nicht zu bewegen waren, sich mir zu nähern.

Immer wieder rührte mich, wie verschiedenartig sich Elsa beim Spielen mit mir oder mit den Jungen verhielt. Zu den Kleinen war sie häufig derb, zog sie am Fell, biß sie zärtlich oder drückte ihre Köpfe nach unten, damit die Jungen sie nicht beim Fressen störten. Mir hätte sie sicherlich sehr weh getan, wäre sie mit mir genauso umgegangen; daher blieb sie beim Spielen mit mir immer sanft. Dieses Verhalten schreibe ich teilweise der Tatsache zu, daß ich sie immer nur leicht schlage und dabei mit tiefer, leiser Stimme zu ihr spreche, worauf sie ebenso ruhig antwortet. Bestimmt würde mir Elsa ihre überlegene Kraft zeigen, wenn ich sie unsanft behandelte.

Als ich abends im Bett lag, hörte ich Elsas Gefährten rufen. Sie ging aber nicht zu ihm, versuchte vielmehr, durch die Dornenhecke in meine Boma zu kriechen. »Nein, Elsa, nein«, rief ich ihr zu, und sofort hielt sie inne. Sie ließ sich mit den Jungen bei der Flechttür nieder und blieb dort die Nacht über.

Am nächsten Tag erschien sie erst, als es schon dunkel war, und brachte nur zwei Junge mit. Jespah fehlte. Mit Gopa und Klein-Elsa machte sie sich ans Fressen. Ich war besorgt um Jespah, konnte aber in der Dunkelheit nicht nach ihm suchen. Darum wollte ich seine Mutter dazu veranlassen, indem ich sein hohes »tciang, tciang« nachahmte und dabei zum Busch zeigte. Nach einer Weile trottete Elsa los. Die beiden Kleinen schienen durch ihr Fortgehen nicht beunruhigt und fraßen noch fünf Minuten lang weiter, bevor sie sich entschlossen, ihr zu folgen. Kurz darauf kamen alle drei ohne Jespah zurück. Ich wiederholte mein Manöver, und Elsa machte sich erneut auf die Suche; aber vergeblich. Noch ein drittes Mal ging sie fort, um nach ihrem Sohn zu suchen, kam aber wieder unverrichteterdinge zurück. Erst dann entdeckte ich einen großen Dorn in Elsas Schwanz, der ihr starke Schmerzen verursachen mußte. Als ich versuchte, ihn herauszuziehen, wurde Elsa gereizt. Zum Glück gelang es mir schließlich doch, den Dorn zu entfernen, und Elsa leckte mir, um mir zu danken, die Hände. Jetzt war Jespah schon eine Stunde lang fort.

Plötzlich gingen die drei von selbst ohne mein Zureden in den Busch, und kurz darauf hörte ich Jespahs vertrautes »tciang«. Bald kam er mit den anderen ins Lager, schnüffelte am Fleisch und legte sich dann anderthalb Meter von mir entfernt nieder. Dankbar sah ich ihn hier in Sicherheit neben mir. Die Stunde, in der er sich auf eigene Faust herumgetrieben hatte, war wegen der Raubtiere die gefährlichste. In seinem Alter wäre er nicht einmal mit einer Hyäne fertig geworden, geschweige denn mit einem Löwen. Ich vermutete, daß er bei dem kranken Kadaver war, den seine Mutter verweigert hatte und den wir ein gutes Stück vom Lager entfernt fortgeworfen hatten.

Um ihm etwas Harmloses zu geben, an dem er seine Kräfte versuchen konnte, schob ich ihm einen alten Reifenschlauch hin. Er stürzte sich sofort darauf, und bald vergnügten sich auch seine Geschwister mit dem neuen Spielzeug. Sie rissen und zogen daran, bis nur noch Fetzen übrig blieben.

Nachts regnete es. Ich war erstaunt, als ich am Morgen in Georges Zelt nicht nur Elsas Spuren, sondern auch die eines Jungen fand. Zum erstenmal war eines von ihnen innerhalb der Zone gewesen, die sie sich selbst verboten hatten.

In der nächsten Nacht entdeckte Elsa, daß die Boys vergessen hatten, den Eingang meiner Boma mit Dornenzweigen zu verschließen; schnell stieß sie die Pforte um, kam in mein Zelt und legte sich aufs Bett. In das zerrissene Moskitonetz gewickelt, schaute sie so zufrieden drein, daß ich mich schon die Nacht neben meinem Bett verbringen sah. Jespah folgte seiner Mutter, stellte sich auf die Hinterbeine und untersuchte das Bett, entschloß sich jedoch zum Glück, es nicht auszuprobieren. Gopa und Klein-Elsa blieben draußen. Wir brauchten den größten Teil des Abends, Elsa aus dem Zelt zu locken. Das war nicht ganz einfach, weil wir die Tür nicht öffnen wollten, durch die womöglich die beiden anderen zu ihrer Mutter hereingestürzt wären. Wir mußten Elsa dazu bringen, durch die Flechttür zu kriechen. Die Aussichten dafür waren lange Zeit ziemlich trübe. Dann ging ich außen ums Lager herum, ließ meine Taschenlampe aufleuchten und ahmte die Stimme der Jungen nach, um Elsa glauben zu machen, sie hätten sich verirrt und ich suche nach ihnen. Dieses Manöver hatte Erfolg. Elsa und Jespah rannten hinaus; Elsa ging durch die Tür, aber wie Jespah hinauskam, weiß ich nicht. Mein Zelt hatte ich jetzt für mich, konnte aber nicht einschlafen, weil Elsa mit Getöse meinen Lastwagen angriff. Wie stets hörte sie sehr zu meiner Verwunderung auf, als ich ihr zurief: »Nein, Elsa, nein.« Ich verstand nicht, warum sie zum Wagen mit den Ziegen ging, denn es lag noch Fleisch am Fluß.

Die Jungen waren jetzt sechzehn Wochen alt, und die Familie hätte ihre »Beute« schon selbst bewachen können. War Elsa so faul geworden, daß sie von uns nicht nur die Versorgung mit Futter, sondern auch den Schutz der »Beute« erwartete? Verdarben wir etwa ihre angeborenen Instinkte und sollten sie vielleicht lieber verlassen? Der Augenblick dafür schien nicht der beste zu sein; denn kürzlich hatten wir die Spuren von zwei fremden Eingeborenen in Lagernähe ausgemacht, die vermutlich unser Lager auskundschafteten. Es herrschte wieder große Trockenheit, und die Eingeborenen beabsichtigten wahrscheinlich, ihre Herde in unserem Reservat zu weiden, obwohl es verboten war. Unter diesen Umständen mußte ich die Löwenfamilie weiterhin mit Nahrung versorgen, sonst würde Elsa sicher die herumstreifenden Ziegen töten. Ich beruhigte mich mit dem Gedanken, daß die Regenzeit bald beginnen und mit ihr die Eingeborenen verschwinden würden. In der nächsten Trockenperiode würden die Jungen groß genug sein, um selbst mit Elsa zu jagen.

Unterdessen beobachtete ich mit großem Interesse ihre Entwicklung. Sie reckten und streckten schon ihre Sehnen, stellten sich auf die Hinterfüße und gruben ihre Krallen in die harte Rinde bestimmter Bäume, vorzugsweise der Akazien, wobei man die rosa Sohlen ihrer Tatzen sehen konnte. Die Rinde zeigte tiefe Wunden, wenn die Kleinen ihre Übungen beendet hatten.

In Elsas Ausscheidungen beobachtete ich etwas Eigenartiges. Ich untersuchte sie laufend nach Parasiten. Vor der Geburt der Jungen wimmelten sie von Band- und Rundwürmern. Obwohl es heißt, Bandwürmer seien für Löwen nützlich (und wir fanden tatsächlich bei der Untersuchung aller toten Löwen, die George hatte erschießen müssen, große Mengen davon), gab ich Elsa ab und zu ein Wurmmittel. Seit die Jungen da waren, fand ich keine Spur von

Würmern mehr bei Elsa und auch nicht bei den Kleinen. Erst mit neuneinhalb Monaten traten bei ihnen allen wieder Bandwürmer zutage.

Eine andere Veränderung hing mit Elsas Sauberkeit zusammen. Früher hatte sie häufig die Bodenplane und auch das Verdeck des Landrovers naß gemacht. Seitdem sie Mutter war, erlaubte sie sich so schlechte Manieren nicht mehr; sie veranlaßte auch die Jungen, vom Wege zu gehen, wenn sie sich entleeren wollten.

Keines der Jungen hatte den für Löwen charakteristischen »Kamm«, einen etwa dreißig Zentimeter langen und fünf bis sieben Zentimeter breiten Fleck in der Mitte des Rückgrats, an dem die Haare in entgegengesetzter Richtung zum Strich des Fells wachsen.

Die Jungen waren leicht zu unterscheiden. Jespah hatte bei weitem das hellste Fell, einen makellos proportionierten Körper, eine spitze Nase und auffällig schräg gestellte Augen, die seinem sensiblen Gesicht einen leicht mongolischen Zug verliehen. Sein Charakter war lässiger, mutiger, unternehmungslustiger und auch zutraulicher als der seiner Geschwister. Wenn er sich nicht an seine Mutter schmiegte, wobei er sie mit den Pfoten umarmte, richtete er seine Zärtlichkeit auf Bruder und Schwester. Wenn Elsa fraß, beobachtete ich oft, daß er vorgab, auch zu fressen, nur um sich an ihr zu reiben. Wie ein Schatten folgte er ihr überallhin. Auch sein schüchterner Bruder Gopa war ein anziehendes Kerlchen. Er hatte sehr dunkle Flecken auf der Stirn; seine Augen waren nicht strahlend und offen wie die Jespahs, sondern dunkler, und er schielte ein wenig. Er war größer und kräftiger gebaut als sein Bruder und so dickbäuchig, daß ich einmal sogar fürchtete, er hätte einen Bruch. Dumm war er nicht, brauchte aber mehr Zeit für seine Entschlüsse; auch besaß er nicht die Abenteuerlust Jespahs. Er hielt sich so lange im Hintergrund, bis er sich überzeugt hatte, daß alles gut ging.

Klein-Elsa trug ihren Namen zu Recht. Sie glich ihrer Mutter aufs Haar, hatte den gleichen Gesichtsausdruck, die gleiche Zeichnung, den gleichen schlanken Körper. Auch ihr Verhalten war dem von Elsa erstaunlich ähnlich. So hofften wir, sie würde auch Elsas liebenswerten Charakter bekommen.

Sie wußte natürlich, daß sie zur Zeit den kräftigeren Brüdern gegenüber im Nachteil war. Doch bediente sie sich mancher List, um das Gleichgewicht herzustellen. Alle drei waren gut erzogen und gehorchten Elsa, wenn es darauf ankam, sofort. Beim Spielen zeigten sie jedoch keine Furcht vor ihr und ließen sich nur gelegentlich von den Püffen einschüchtern, die sie verteilte, wenn ihr die Kleinen zu dreist wurden.

Eines Abends lag die ganze Familie vor meinem Zelt, als ich die Tilley-Lampe ansteckte. Plötzlich entzündete sie sich, und mir blieb kaum Zeit, sie draußen auf den Boden zu schleudern, als sie auch schon in hellen Flammen stand und ich nach Ibrahim rief, der mir beim Löschen helfen sollte. Wir rafften alte Decken zusammen, um die Flammen damit zu ersticken. Als wir zurückkamen, waren sie jedoch schon erloschen. Während all der Aufregung lagen die Kleinen vollkommen ruhig daneben und beobachteten das seltsame Verhalten des »Mondes«. Elsa wollte die Glut sogar untersuchen; so energisch wie möglich rief ich, »nein, Elsa, nein«, sonst hätte sie sich die Haare verbrannt. Später richteten sie und die Jungen sich vor meinem Zelt für die Nacht ein.

Vor dem Einschlafen hörte ich Geräusche, die wie das Liebesspiel von Rhinozerossen klangen. Diese kolossalen Tiere geben bei der Paarung unglaublich sanfte Laute von sich. Vielleicht kamen die Geräusche aber auch von einem Büffelpaar. Jedenfalls war ich froh, für den Notfall mein Gewehr neben dem Bett zu haben. Es geschah jedoch nichts, und ich schlief ein. Am anderen Morgen weckte mich das Klirren von Steingutgeschirr, das auf den Boden krachte. Im nächsten Augenblick stürzte der Toto ohne Teetablett ins Zelt. Atemlos berichtete er, daß ihn fast ein Büffel umgeworfen hätte, als er dabei war, mir den Morgentee zu bringen. Er konnte gerade noch vor dem Tier die Tür des Dornenzaunes erreichen und zuschlagen. Ich mußte bei dem Gedanken lächeln, daß eine so leichte geflochtene Pforte dem armen Jungen das Gefühl der Sicherheit vor dem angreifenden Büffel gab. Zum Glück wurde auch das wütende Tier von dem schwachen Gatter beeindruckt und zog sich zurück.

Eine nachdrückliche Lektion in Fragen der Sicherheitsvorkehrungen hatte uns vor nicht langer Zeit ein Hornvogel erteilt.

Leser meines Buches »Frei geboren« werden sich daran erinnern, daß Elsa uns einmal davor bewahrte, blindlings in eine züngelnde Kobra hineinzurennen, die zusammengerollt in Augenhöhe im Geäst eines Baumes hing. Wir entdeckten später, daß die Schlange in diesem Baum sechzig Zentimeter über dem Boden ein Astloch bewohnte, und haben sie oft beobachtet. Einmal, als wir nach Elsas Jungen suchten, richtete sie sich unmittelbar vor George auf. Er schoß, verfehlte sie aber. Kürzlich merkten wir, daß das Loch bis auf einen schmalen Spalt mit einer Mischung aus Erde, Halmen und allem Anschein nach Speichel verklebt war, was zusammen eine zementharte Masse bildete.

Durch den Spalt sahen wir sich etwas bewegen. Wir waren nicht darauf aus, das Loch zu untersuchen, denn wir hielten es für die Kinderstube der Kobra. Dann sahen wir häufig frische Vogelexkremente am Fuß des Baumes und erkannten schließlich in dem Bewohner einen jungen Hornvogel.

Wir wußten, daß das Hornvogelweibchen während der Brut eingesperrt wird und nur ein Loch bleibt, damit das Männchen die Familie füttern kann. Trotzdem wunderten wir uns, daß dieses Pärchen sein Nest so dicht am Boden gebaut und dazu noch die Wohnung einer Kobra ausgesucht hatte. Und was hielt die Kobra von der Sache? Vielleicht versorgte auch sie gerade irgendwo eine Familie, denn in den Zweigen eines Baumes, etwa fünfzehn Meter vom Nest des Hornvogels entfernt, fanden wir kürzlich eine junge, leuchtend-terrakottafarbene Kobra. Bei unserem Näherkommen glitt sie elegant die Zweige entlang in ein Loch des Stammes. Beide Bäume waren Commiphoren. Der Zwischenfall bewies, daß Kobras gut klettern können und sich an eine bestimmte Gegend halten. Die Hornvögel blieben sechs bis sieben Wochen in ihrem Nest. Dann fanden wir die Klebmasse am Boden und den Zugang wieder von normaler Größe.

Als die Jungen achtzehn Wochen alt waren, schien Elsa sich mit der Tatsache abgefunden zu haben, daß das Verhältnis ihrer Kinder zu uns nie so freundschaftlich werden würde wie zwischen ihr und uns.

Die Jungen wurden tatsächlich mit jedem Tag scheuer. Mit Ausnahme von Jespah, der seiner Mutter überallhin folgte und dadurch oft in die »Gefahrenzone« eindrang, fraßen sie lieber außerhalb des Lichtkreises unserer Lampe. Oft stellte Elsa sich jetzt in Verteidigungsstellung zwischen uns und ihre Kinder.

Die Familie war in ausgezeichneter Verfassung, darum glaubten wir, es könne nichts schaden, wenn wir sie zum Jagen wenigstens ein paar Tage allein ließen. Ihr Vater hatte sich kürzlich wieder gezeigt, und da die Familie nur kurz zum Fressen ins Lager kam, nahmen wir an, daß sie die meiste Zeit gemeinsam mit ihm verbrachte.

Während die Boys die Zelte abbrachen, saß ich im Studio auf dem Boden, den Rücken gegen einen Baum gelehnt, und las ein riesiges Bündel Briefe von Lesern meines Buches »Frei geboren«. Die Briefe hatte der Landrover mitgebracht, der zum Abtransport unserer Habseligkeiten gekommen war. Ich zerbrach mir gerade den Kopf, wie ich sie jemals alle beantworten sollte, als ich plötzlich von Elsa fast zerquetscht wurde. Ich kämpfte mich unter ihren dreihundert Pfund hervor und wollte die überall herumliegenden

Briefe aufsammeln; doch jedesmal, wenn ich mich bückte, um einen aufzuheben, sprang mich Elsa an, und wir rollten zusammen auf den Boden. Den Jungen machte das einen Riesenspaß, und sie jagten hinter den herumfliegenden Blättern her. Ich glaube, Elsas Bewunderer werden sich freuen, wenn sie hören, wie sehr ihre Briefe geschätzt wurden. Glücklicherweise konnte ich schließlich jeden einzelnen wieder ergattern. Ich ließ Elsas Abendbrot holen, das lenkte ihre und die Aufmerksamkeit der Jungen ab.

Inzwischen waren die Boys mit Packen fertig. Die Wagen warteten in einiger Entfernung bei den Stromschnellen. Trotz des Getöses hörte Elsa sofort das Motorengeräusch. Sie lauschte gespannt und sah dann zu mir hoch. Ihre Pupillen waren so groß, daß die Augen schwarz erschienen. Ich hatte den starken Eindruck, als merke sie, daß wir sie im Stich lassen wollten, und ihr Ausdruck schien zu sagen: Was fällt euch ein, fortzufahren und mich und meine Jungen ohne Futter allein zu lassen? Dann ließ sie die halb aufgefressene Mahlzeit stehen, ging langsam mit ihren Kindern den ausgetrockneten Graben entlang und verschwand.

Fünf Monate nach dem ersten Auftauchen der Jungen

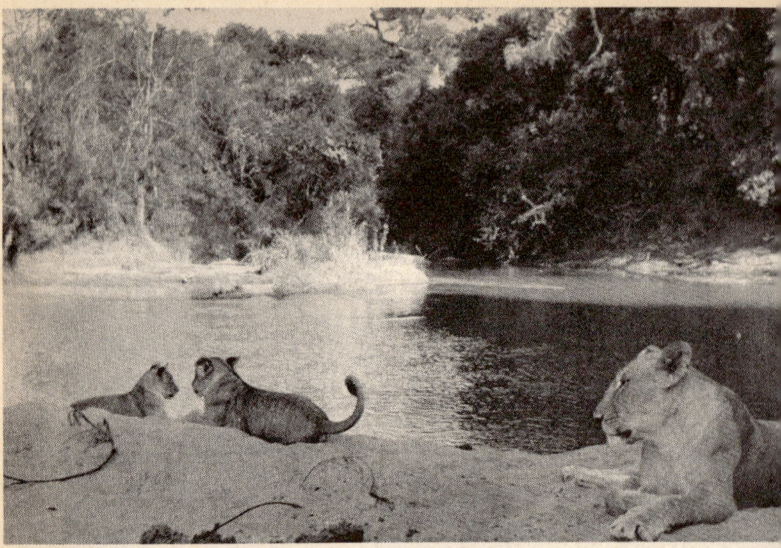

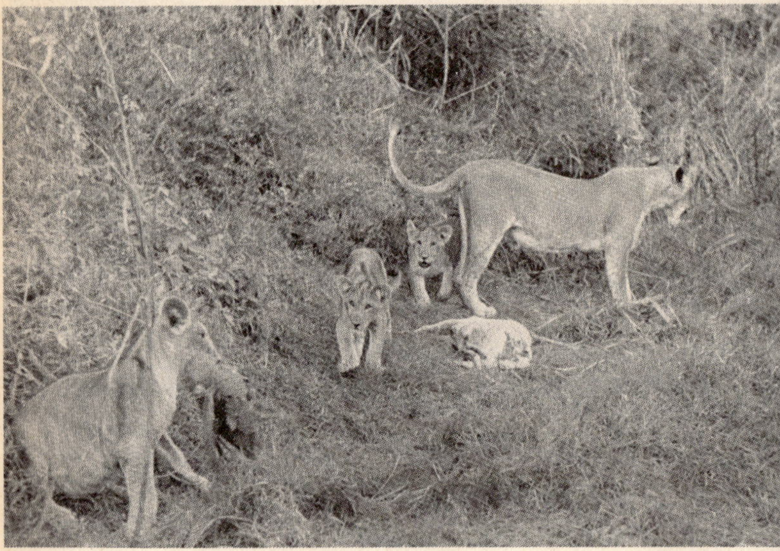

Elsa und die Jungen nach sechs Monaten (oben)
Ein friedlicher Nachmittag am Fluß — Der Streit um das Perlhuhn

In der Nähe von Elsas Lager — Die Jungen durchwaten jetzt selbst den Fluß

Elsa wird ihrem Verleger vorgestellt

Nach fünf Tagen kehrten wir am 28. April ins Lager zurück. Zehn Minuten später erschien Elsa. Sie war allein, in ausgezeichneter Verfassung und überglücklich, uns zu sehen. Bevor wir den mitgebrachten Kadaver für die Nacht festbinden konnten, machte sie sich damit aus dem Staube.

Erst vierundzwanzig Stunden später kam sie wieder, ebenfalls allein, fraß ungeheuer viel und war am Morgen verschwunden.

Das Fehlen der Jungen beunruhigte uns, vor allem, weil Elsas Gesäuge schwer von Milch war. Zu unserer Beruhigung fanden wir am nächsten Nachmittag die ganze Familie in einem trockenen Flußbett beim Spielen. Sie folgten uns alle vier ins Lager. Kurz darauf brach ein Gewitter aus. Elsa ging sofort zu uns ins Zelt, die Kleinen blieben draußen und schüttelten sich von Zeit zu Zeit das Wasser aus dem Fell. Niemand macht einen guten Eindruck, wenn er naß ist und friert. Die Jungen sahen bemitleidenswert, aber reizend aus; Ohren und Klauen wirkten am triefenden Körper doppelt so groß wie gewöhnlich. Als der ärgste Guß vorbei war, ging Elsa zu ihnen hinaus. Sie spielten temperamentvoll miteinander, wahrscheinlich, um warm zu werden. Dann machten sie sich an ihr Fressen. Sie zogen so wütend an dem Fleisch, daß wir unter dem jetzt trockenen, lockeren Fell das Spiel der gut entwickelten Muskeln sahen. Nach der Mahlzeit beobachteten wir zum erstenmal, daß sie den Rest der »Beute« verscharrten. Sorgfältig kratzten sie Sand über den kleinen Haufen, bis nichts mehr davon zu sehen war. Wahrscheinlich hatte Elsa ihnen das während der fünf Tage, in denen sie vollkommen »wild« gelebt hatten, beigebracht. Als alles sauber aufgeräumt war, legten sich die Jungen zu ihrer Mutter, die sie ausgiebig säugte. Da wir nur für einen kurzen Aufenthalt zurückgekommen waren, wollten wir unbedingt einige Aufnahmen machen; aber Elsa blieb die meiste Zeit dem Lager fern und vereitelte so unsere Pläne. Vor unserer Abfahrt sollte die Familie noch einmal gründlich satt werden. Darum riefen wir Elsa eines frühen Morgens vom Fuß des *Big Rock* aus. Mit Jespah auf den Fersen kam sie herunter, die beiden anderen blieben etwas zurück. Eine Zeitlang folgten sie uns auf dem Fahrweg. Die Kleinen tanzten und balgten sich herum, und Elsa mußte immer wieder auf sie warten. Es war ein herrlicher Morgen. Die Luft war frisch, und die schönen Wolken, die für gewöhnlich den Himmel Kenias auch an den strahlendsten Tagen verzieren, hatten sich noch nicht gebildet. Voller Lebensfreude tummelten und schubsten sich die Jungen, bis Elsa im Gebüsch verschwand, vermutlich um den Weg zum Lager abzukürzen. Klein-Elsa und Gopa jagten ihr nach, Jespah blieb auf dem Weg. Es schien, als fühle er sich für sein Rudel verantwortlich, zu dem wir sicher nicht gehörten; darum vergewisserte er sich, daß wir nicht folgten. Den Ruf seiner Mutter beachtete er nicht. Er näherte sich uns auf sehr bestimmte Art, duckte sich dabei manchmal und machte dann einen kurzen Sprung vorwärts. Wenn er dicht vor uns war, blieb er stehen, sah uns an und rollte den Kopf hin und her. Er schien verwirrt und nicht zu wissen, was er tun sollte. Unterdessen kam Elsa zurück, um den ungehorsamen Sohn zu holen, der flink auswich, um einem kräftigen Puff zu entgehen, und dann seinen Geschwistern nachtrottete.

Wir verbrachten einen glücklichen Tag im Studio, wo sich die Familie an einem Ziegenkadaver gütlich tat. Als sie nicht mehr konnten, rollten sich die Jungen auf den Rücken und dösten, alle viere von sich gestreckt. Ich lehnte mich an Elsas Hinterteil, Jespah lag unter ihrem Kinn. Nach der Siesta untersuchten die Jungen die tiefhängenden Zweige über den Stromschnellen in der Mitte des Flusses. Sie schienen sich nicht vor der Höhe zu fürchten und auch nicht vor dem rauschenden Wasser unter ihnen; mutig kletterten sie auf die dünnsten Äste. Plötzlich straffte sich Elsa und lauschte angespannt, erhob sich dann und brachte die Jungen in Sicherheit. Gleich darauf hörte ich das Rumpeln näher kommender Elefanten. Am jenseitigen Flußufer sah ich vier von ihnen beim Trinken. Wir saßen gegen den Wind, und sie konnten uns daher nicht ausmachen. Als sie ihren Durst gestillt hatten, gingen sie langsam in den Busch zurück und verschwanden.

Als es fast dunkel war, schleifte ich die Fleischreste zum Lager. Dabei griff Jespah mich zweimal an. Elsa fixierte ihn aber so mißbilligend, daß er Ruhe gab und sich davonstahl.

Eines Nachmittags, als George auf einem Kontrollgang war, versuchte ich noch einmal zu fotografieren. Ich nahm den Toto zum Tragen der Kameras mit und fand die ganze Familie schläfrig an einer sandigen Stelle des trockenen Flußbetts, die wir den »Küchengraben« nannten. Als ich sie entdeckt hatte, schickte ich den Toto ins Lager zurück. Es war sehr heiß, aber der Himmel war bedeckt, und ich sah sogar einige dunkle Regenwolken. Elsa kam herbei und rollte sich unter das Stativ, ohne es umzustoßen. Auch die Jungen erschienen, die glänzenden Gegenstände interessierten sie, und sie hätten zu gern die Säcke inspiziert, die ich außer Reichweite aufgehängt hatte. Bald begann es zu regnen; doch da solche Schauer im allgemeinen nicht lange anhalten, ließ ich die Kamera stehen und zog nur die Plastikhüllen darüber.

Plötzlich sah ich Elsa unbeweglich dastehen und mit halbgeschlossenen Augen in die Richtung starren, aus der ich gekommen war. Dann schoß sie mit angelegten Ohren wie ein Blitz ins Gebüsch zurück. Ich hörte den Toto schreien, stürzte hinter Elsa her und rief »nein, Elsa, nein«; zum Glück kam ich rechtzeitig, um sie im Zaum zu halten. Ich befahl dem Toto, langsam und ruhig ins Lager zurückzugehen, um Elsas Jagdtrieb nicht zu reizen. Wegen des Regens war der Toto gegen meine Anordnung zurückgekommen, um mir beim Hantieren mit den schweren Kameras zu helfen. Mit knapper Not entging er einer schlechten Belohnung seiner Hilfsbereitschaft.

Als der Toto endlich außer Sicht war, konnte ich Elsa beruhigen. Ich streichelte sie und sagte mit besänftigender Stimme, daß es nur der Toto, Toto, Toto gewesen sei, den sie doch so gut kenne. Dann packte ich meine Fotosachen zusammen und machte mich auf den Rückweg. Es wurde kein leichter Weg. Elsa blieb mißtrauisch; sie stürzte vor mir her, um sicher zu sein, daß keine Gefahr drohe. Dadurch ging ich oft zwischen ihr und den Jungen, und das gefiel ihnen gar nicht. Jespah griff mich immer wieder an. Schließlich gelang es mir, an die Spitze unseres Trupps zu kommen, damit Elsa nicht als erste das Lager beträte. Um zu sehen, was hinter mir vorging, mußte ich rückwärts laufen, die schweren Kameras schleppen und dabei Elsa fortwährend beschwichtigen. Ich hoffte, sie noch vor dem Lager friedlich zu stimmen. In Hörweite rief ich den Boys zu, einen Kadaver bereitzulegen, und hielt Elsa so lange zurück, bis sie fertig waren. So blieb unsere Heimkehr ohne Zwischenfälle.

Nach Georges Rückkehr unternahmen wir noch eine Foto-Expedition. Wir gingen dicht zu dem Felsen, an dem wir Elsa morgens gesehen hatten. Wir riefen sie, aber sie kam nicht. Erst als das Licht zum Filmen nicht mehr ausreichte, tauchte sie plötzlich geräuschlos aus einem Gesträuch, keine zehn Meter von uns, auf. Sie war außergewöhnlich gelassen, vielleicht weil sie den ganzen Nachmittag im Dickicht gelegen und uns beobachtet hatte. Sie rieb den Kopf an unseren Knien, gab aber keinen Laut von sich. Im allgemeinen verhält Elsa sich so ruhig, wenn sie nicht will, daß die Jungen ihr folgen. Genauso geräuschlos, wie sie gekommen war, verschwand sie wieder. Später sahen wir die Fährte ihres Löwen und schlossen daraus, daß die beiden zusammen waren.

Am nächsten Nachmittag sah ich Elsa durchs Glas nahe der Stelle, wo sie tags zuvor verschwunden war. Sie hob sich auf der Felskuppe deutlich gegen den Himmel ab und beobachtete angespannt eine kleine Öffnung zwischen den Felsen; sie sah mich wohl, nahm aber keine Notiz von mir. Ich blieb, bis es fast dunkel war. Während der ganzen Zeit bewegte Elsa sich nicht ein einziges Mal. Sie schien etwas zu bewachen. Dann richtete sie ihre Aufmerksamkeit plötzlich auf den Weg. Vermutlich hörte sie Georges Wagen, der von der Kontrollfahrt zurückkam.

George hielt, ich stieg ein und sprach mit ihm. Hinten im Wagen hatte er ein paar Perlhühner, und ich freute mich auf die angenehme Abwechslung vom ewigen Konservenessen.

Mit einem Satz sprang Elsa plötzlich zwischen die Perlhühner. Federn flogen in alle Richtungen bei ihren rasenden Versuchen, die Tiere zu rupfen. Es schien, als würde nichts mehr von ihnen übrigbleiben. Darum nahm George ein Huhn und warf es den Jungen hin. Im Handumdrehen sprang Elsa hinterher, wir starteten rasch und fuhren los. Als Elsa das sah, war sie auch schon wieder auf dem Verdeck und wollte unbedingt nach Hause gefahren werden. Wir hofften, ihr Mutterinstinkt würde sie nach ein paar hundert Metern zu den Jungen zurückrufen; aber sie benahm sich gar nicht mütterlich. Wir mußten von innen so lange an die Plane klopfen, bis es ihr ungemütlich wurde, sie absprang und zu ihrer verstörten Familie zurückkehrte.

Später kamen sie alle ins Lager und amüsierten sich königlich mit den Perlhühnern. Wir hatten unseren Spaß daran, wie schlau Klein-Elsa geworden war. Sie ließ ihre Brüder die spitzen Federkiele ausrupfen, waren sie damit fertig, benutzte Klein-Elsa die erste Gelegenheit, um sich den Vogel zu stehlen. Dann verteidigte sie knurrend, brummend und kratzend mit angelegten Ohren und mit einem so drohenden Ausdruck ihre Beute, daß die Brüder es für klüger hielten, sich ein anderes Perlhuhn vorzunehmen. Manchmal war der Streit der Jungen um das Futter ziemlich rauh, doch hinterließ er nie Groll oder Ärger. Wir wunderten uns, daß sie Perlhühner Ziegen vorzogen. Als Elsa klein war, betrachtete sie ein Perlhuhn nur als Spielzeug und fraß nur selten einmal eins.

Die Nacht verbrachte die Familie nahe dem Lager. Am Morgen erfuhren wir den Grund. Spuren des Vaters überall in der Nähe der Zelte deuteten darauf hin, daß er das Fressen mit ihnen teilen wollte. Elsa paßte das aber anscheinend nicht. Sie hatte den Kadaver in ein Dickicht zwischen Lager und Fluß geschleift, an eine Stelle, zu der er wahrscheinlich nicht kommen würde.

Für die nächsten vierundzwanzig Stunden blieb Elsa mit den Jungen in diesem Bollwerk und verließ es nur, wenn sie George im Landrover von einer Kontrollfahrt kommen hörte. George hatte neue Perlhühner mitgebracht. Spaß und Schmaus vom letzten Abend wiederholten sich.

Als ich in der Dämmerung einen Bummel machte, fand ich zu meinem Erstaunen die Fährte von Elsas Löwen auf den Radspuren von Georges Wagen, mit dem er gerade heimgekommen war. Der Vater mußte sich also vor kurzem hier herumgetrieben haben. Im Lager beobachtete ich, daß Elsa gespannt horchte und gleich darauf die Jungen und das Fleisch in ihre Festung brachte. Wenige Augenblicke später hörten wir den Löwen ganz nahe rufen. Die ganze Nacht hindurch hörte er nicht mehr auf.

Am nächsten Morgen mußten wir für acht Tage nach Isiolo. Elsa hatte sicher die ihr vertrauten Geräusche des Aufbruchs wahrgenommen, doch kam sie aus ihrer dornigen Festung nicht heraus.

In Isiolo freuten wir uns, daß ein Anruf aus London, der uns während der letzten Tage schon dreimal zu erreichen versucht hatte, für den nächsten Morgen vorgemerkt war.

Wenn man auf einem so abgelegenen Außenposten lebt, ist es ungeheuer aufregend, mit jemandem in England, viertausend Meilen entfernt, zu sprechen. Wir hörten Billy Collins' Stimme, der unsere Einladung annahm und zu uns kommen wollte, um Elsa zu sehen. Für seinen Besuch legten wir einen Tag der nächsten Woche fest, so daß wir ihn bei unserer Fahrt zu Elsa mitnehmen konnten. Wir charterten eine Maschine für den Flug von Nairobi zum nächsten Landeplatz beim Lager und machten uns dann zwei Tage vorher auf den Weg. Wir mußten Elsa unbedingt finden und sie mit den Jungen nahe beim Lager festhalten, damit ihr Verleger sie sehen konnte.

Unsere Rückfahrt verlief sehr turbulent. Wir hatten mehrere Reifenpannen und mußten schließlich in offenem Buschland zelten, an einer Stelle, an der vor kurzem das Gras gebrannt hatte. Um uns herum war alles schwarz und die Luft noch voller Asche. Unser Trinkwasservorrat war gering, und wir wünschten jetzt, wir hätten mehr mitgenommen, um uns waschen zu können, denn schnell waren wir so schwarz wie Kaminkehrer. Am folgenden

Morgen erreichten wir das Lager. George feuerte einen Schuß ab, um Elsa zu verständigen. Bald hörten wir ihr »hnk, hnk«, aber sie ließ sich nicht blicken. Ihre Stimme kam aus der Richtung des Studios. Ich ging hin und fand sie und die Jungen am Fluß beim Trinken. Sie sahen mich kurz an und schlabberten dann weiter, als seien sie nicht im geringsten überrascht, mich nach acht Tagen wiederzusehen.

Später kam Elsa näher und beleckte mich. Jespah setzte sich nur zwanzig Zentimeter von mir entfernt hin. Dann sprang Elsa auf den Tisch und machte es sich in voller Länge darauf gemütlich. Jespah stellte sich auf die Hinterpfoten und rieb seine Nase an der ihren. Sie fraßen ein wenig von dem Fleisch, das ich mitgebracht hatte, schienen aber nicht sehr hungrig zu sein. Als George die Reste aufheben wollte, zog Elsa sie ihm vorsichtig fort und verstaute sie im Dickicht. Gegen Mitternacht wachte George auf, weil Elsa auf seinem Bett lag. Die Jungen saßen draußen und sahen ihrer Mutter zu.

Am Morgen fuhr ich mit Ibrahim, Makedde und dem Koch los, um Billy Collins abzuholen. Vorsichtshalber nahmen wir Zelte mit, denn es war nicht sicher, wann Collins ankam, und wir mußten mit einer Nacht im Busch rechnen. Als wir am *Big Rock* vorbeikamen, sah ich Elsa oben stehen und unsere Abfahrt beobachten.

Nach fünf Meilen stießen wir auf eine Herde von etwa dreißig Elefanten mit mehreren Kälbern. Zum Glück hatten sie den Weg eben vor uns überquert und bewegten sich jetzt gleichmäßig von uns fort.

Wir waren sehr früh abgefahren und sahen ungewöhnlich viel Wild; Buschböcke, Zebras, Wasserböcke, Gerenuks und Warzenschweine, die im Busch blieben, während Herden von Grant-Gazellen, Impalas und Elenantilopen auf der freien Ebene grasten.

Die Elenherde kannten wir gut, da sie immer in der gleichen Gegend blieb. Es gab auch Strauße und riesige Schwärme von Perlhühnern, die sich auf dem Lavaboden jagten, so daß sie wie rollendes Gestein aussahen. Sehr possierlich waren die Paviane, die sich wie Kegel im hohen Gras aufstellten, damit sie uns besser sehen konnten. Ich wünschte inständig, daß alle diese anmutigen Tiere sich auch auf unserer Rückfahrt zeigen würden und unser Gast sie bewundern könnte. Weniger gern wollte ich ihm dagegen die Elefanten vorstellen, solange George nicht bei uns war.

Gegen Mittag kamen wir in dem kleinen Somalidorf an, in dem das Flugzeug landen sollte. Ich befahl den Eingeborenen, das Vieh vom Landestreifen zu treiben, da jeden Augenblick ein Flugzeug eintreffen würde.

Ursprünglich hatte man den Landeplatz zur Überwachung der Heuschrekkenschwärme angelegt; man brauchte dafür nur wenig Buschwerk zu roden. Zur Zeit landeten nur selten Flugzeuge, und da das Vieh der Eingeborenen oft darüber hinwegzieht, sieht der Landestreifen genauso wie die ganze Umgebung aus und ist aus der Luft schwer zu finden.

Zur Teezeit hörten wir Motorengeräusch. Es dauerte jedoch noch lange, bis die Maschine aufsetzte. Im gleichen Augenblick versammelte sich die gesamte Dorfbevölkerung aufgeregt schwatzend um die Maschine. Die Mohammedaner mit ihren bunten Turbanen und losen Gewändern beobachteten aufmerksam, wie Billy Collins und der Pilot aus der kleinen Kabine stiegen. Billy war nach einem Nachtflug mit einer Comet erst vor drei Stunden in Nairobi gelandet. Ich fand es anerkennenswert, daß er sich unmittelbar anschließend auf einen so ganz andersartigen Flug in einem Viersitzer wagte, um durch die berüchtigten Luftlöcher um den *Mount Kenia* herumzustolpern und nach dem winzigen Landestreifen in den riesigen Sandflächen des nördlichen Grenzdistrikts zu suchen. Die hellen Dächer der wenigen Lehmhütten konnten dem Piloten kaum helfen, den Weg zu finden. Daß er ihn schließlich ausmachte, verdanken wir weniger dem schlaffen Windsack und den weißen Ecksteinen als der Ansammlung von Eseln und Kamelen um die Landebahn herum. Ich verstand, daß der Pilot sofort wieder startete, weil er den Rückweg über dem Meer von Sand und Urwald vor Einbruch der Dunkelheit nicht verfehlen wollte. Da auch wir eine lange und beschwerliche Heimfahrt hatten, blieben wir nur für eine Tasse Tee im Gästehaus der Regierung und fuhren dann los.

Ich wußte, daß Billy Tiere liebte, aber nicht, ob er auch Safaris unter improvisierten Bedingungen in diese Liebe mit einschloß. Als er mir erzählte, seine einzige Erfahrung im Biwakieren habe er in einem komfortablen Rasthaus auf einer Südseeinsel erworben, bekam ich Bedenken. Dann aber beruhigte ich mich, als er trotz des schlingernden und stoßenden Wagens sich an jedem Tier und jeder Pflanze begeisterte. Wir fuhren, bis es dunkelte, und hielten an einem der vier Flüsse, die wir überqueren mußten, um einen Gin zu trinken. Ich nahm an, Billy sei nach dem langen Flug von London müde, und ich hatte keine Lust, im Dunkeln mit einer Elefantenherde zusammenzutreffen. Deshalb schlug ich vor, an Ort und Stelle zu zelten. Aber nach einer Beratung mit Ibrahim und dem eingeborenen Wildheger beschlossen wir, weiterzufahren.

Der Außenposten, bei dem wir Elsas Ziegenherde halten, gab mir eine

Nachricht für George mit, in der er dringend gebeten wurde, am folgenden Tag als Zeuge in einem Wildererfall beim nächsten Verwaltungsposten zu erscheinen. Nach zwei Stunden mühsamer Fahrt durch dichten Urwald erreichten wir das Lager. Wir lechzten nach einer Erfrischung, doch bevor George noch eingeschenkt hatte, hörten wir das vertraute »hnk-hnk«. Einen Augenblick später stürzte Elsa herein, gefolgt von den Jungen. Sie begrüßte uns freundschaftlich wie immer. Nach vorsichtigem Schnüffeln rieb sie ihren Kopf auch an Billy. Die Jungen sahen aus einiger Entfernung zu. Dann holte Elsa ihr Fleisch und schleifte es aus dem Lichtkreis der Lampe ins Dunkle neben das Zelt. Dort ließ sie sich mit ihren Kindern zum Abendbrot nieder. Unterdessen aßen auch wir. Neben Georges Zelt hatten wir für Billys Zelt eine eigene Dornenhecke errichtet. Wir zeigten ihm sein Quartier, verbarrikadierten die geflochtene Tür und ließen ihn zu wohlverdientem Schlaf allein.

Elsa blieb vor meiner Boma. Bis ich einschlief, hörte ich sie sanft mit ihren Kindern sprechen. Beim Morgengrauen weckten mich Geräusche, die aus Billys Zelt kamen. Ich erkannte seine und Georges Stimme. Es schien, als überredeten sie Elsa, aus Billys Bett zu gehen. Sobald es hell wurde, hatte sie sich durch die festgeflochtene Tür gezwängt, war auf Billys Bett gesprungen, hatte ihn zärtlich unter dem zerrissenen Moskitonetz umarmt und hielt ihn jetzt mit der Last ihres schweren Körpers gefangen. Billy blieb erstaunlich ruhig. Das ist besonders anerkennenswert, wenn man bedenkt, daß er heute zum erstenmal beim Aufwachen eine ausgewachsene Löwin auf seinem Bett fand. Auch als Elsa ihn zum Zeichen ihrer Zuneigung zart in den Arm biß, sprach er ruhig auf sie ein. Bald verlor Elsa das Interesse an Billy und folgte George. Draußen tollte sie dann mit den Jungen umher, als sei ihr Besuch bei Billy nur die Morgenbegrüßung für einen neuen Freund gewesen. Später verließ uns die Löwenfamilie in Richtung auf den *Big Rock*. Auch George fuhr ab, um vor Gericht zu erscheinen. Billy und ich unterhielten uns, bis George zur Teezeit zurückkam.

Er berichtete, er habe gerade eine Elefantenherde nahe dem Lager getroffen. Schnell beendeten wir unseren Tee und fuhren den Weg zurück, um sie zu filmen. Als wir zum *Big Rock* kamen, sahen wir Elsa in Filmpose oben auf dem Felsen. Wir vergaßen die Elefanten, gingen näher und hofften, sie und die Jungen filmen zu können. Da sie immer wieder auf Geräusche hinter einem nahe liegenden Felsbrocken horchte, vermuteten wir, die Jungen seien dort versteckt. Elsa beobachtete jede unserer Bewegungen, rührte sich aber nicht, so verführerisch schmeichelnd wir sie auch riefen. Sie blieb, wo

Elsa und Jespah

Eine von vielen Balgereien

Jetzt sind sie sieben Monate alt

Im nächsten Augenblick landete Gopa auf Elsa

sie war, und auch die Jungen tauchten nicht auf. Wir warteten ziemlich lange, als sich jedoch nichts änderte, beschlossen wir, unser Glück doch noch bei den Elefanten zu versuchen.

Sobald wir wieder beim Wagen waren, erhob sich Elsa und rief die Jungen. Als wollten sie uns hänseln, setzten sich jetzt alle in Pose. Und wir hatten über eine Stunde darauf gewartet! Da Elsa uns jedoch deutlich zu verstehen gegeben hatte, daß sie nicht in Stimmung war, gefilmt zu werden, fuhren wir dorthin, wo George die Elefanten gesehen hatte. Aber wir fanden nur noch ihre Spuren. Deshalb kehrten wir zu Elsa zurück. Als wir ankamen, war das Licht zum Fotografieren zu schwach. Deshalb beobachteten wir die Familie durch die Gläser. Die Jungen jagten und versteckten sich rings um den Felsen, während uns Elsa nicht aus den Augen ließ.

Schließlich riefen wir sie. Sie kam sofort herunter, stürzte durchs Gebüsch, begrüßte uns liebevoll und sprang mit einem großen Satz auf den Landrover. Während wir ihre Pfoten streichelten, die sie über die Windschutzscheibe herabhängen ließ, beobachtete sie die Jungen, die unbekümmert auf dem Felsen weiterspielten. Elsa schien sich über unsere Aufmerksamkeit zu freuen, wandte aber nicht den Blick von den Jungen, bis diese endlich vom Felsen herunterkletterten. Da sprang sie vom Wagen und lief ihnen in den Busch entgegen.

Wir benutzten die Gelegenheit, nach Hause zu fahren und eine Mahlzeit für die Familie zu bereiten. Wir waren kaum fertig, als die vier erschienen und das Fleisch sofort in Stücke rissen. Unterdessen tranken wir daneben unseren Aperitif und beobachteten den ganzen Abend die Löwen, die Billy als Freund akzeptiert hatten.

Vor Morgengrauen wurde ich wieder durch Geräusche aus Billys Zelt geweckt, in das Elsa auch heute eingedrungen war, um guten Morgen zu sagen. George, der Billy zu Hilfe geeilt war, erreichte schließlich durch gutes Zureden, daß sie verschwand. Danach verstärkte George die Dornen vor der Flechttür noch einmal und war nun sicher, daß Elsa diese Barrikade nicht mehr bewältigen könnte. Beruhigt ging er wieder ins Bett. Unglücklicherweise hatte George nachts Fieber bekommen und fühlte sich gar nicht wohl. Diese plötzlichen Malariaanfälle kommen bei Menschen wie George trotz vorbeugender Mittel leicht vor, da sein Körper seit dreißig Jahren durch Medikamente geschwächt war. Elsa ließ sich von den paar neuen Dornen nicht einschüchtern, und bald fand sich Billy wieder in ihrer Umarmung und unter ihrem Gewicht fast zerdrückt. Während Billy sich von dem

Moskitonetz befreite, kam George. Jetzt brauchte er jedoch mehr Zeit, das Dornengestrüpp vor der Tür zu entfernen. Als er ins Zelt kam, hatte Elsa die Klauen um Billys Nacken gelegt und hielt sein Gesicht zwischen den Zähnen. Wir beobachteten oft, wie sie das gleiche bei den Jungen tat; es war ein Zeichen der Zuneigung. Doch muß es auf Billy anders gewirkt haben. Trotzdem verlor er den Kopf nicht. Als ich dazukam, hatte Elsa Billys Zelt schon verlassen und spielte mit den Jungen am Fluß. Ich untersuchte die Kratzer an Billys Schulter, die zum Glück oberflächlich waren und innerhalb von zwei Tagen unter einem Verband heilten.

Elsas ungewöhnliches Verhalten beunruhigte mich. Nie zuvor hatte sie sich einem Besuch gegenüber so benommen. Ich konnte es mir nur als ein Zeichen von Zuneigung erklären. Trotzdem ließ es mir keine Ruhe, und wenn das Ganze nicht im Spiel geschehen wäre, hätte es anders ausgehen können. Was Elsa dazu veranlaßt hatte, wußten wir nicht; darum blieb ich vorsorglich in Billys Zelt, bis ich hoffen konnte, daß sie mit den Jungen fortgegangen war. Trotz dieser Vorsichtsmaßnahmen drang sie ein drittes Mal in sein Zelt ein, bevor es George und mir möglich war, sie zurückzuhalten. Jetzt stand Billy aufrecht. Da er groß und kräftig ist, stemmte er sich gegen Elsas Gewicht, als sie sich auf die Hinterfüße stellte, die Vorderpfoten auf seine Schultern legte und an seinen Ohren knabberte. Als sie ihn losließ, gab ich ihr einen solchen Klaps, daß sie schuldbewußt hinausschlich. Völlig verstört richtete sie ihre Zärtlichkeiten jetzt auf Jespah, rollte sich mit ihm im Gras, biß und umhalste ihn, wie sie es zuvor bei Billy getan hatte. Schließlich trollte sich die ganze Familie zu den Felsen davon. Ich weiß nicht, wer entsetzter war, der arme Billy oder ich. Wir fanden keine andere Erklärung als die, daß sie Billy mit diesem außergewöhnlichen Verhalten in das Rudel aufnehmen wollte; denn nur den Jungen und uns gegenüber hatte sie sich je so liebevoll gezeigt. Wäre sie auf Billy eifersüchtig gewesen oder gegen ihn eingenommen, hätte sie ihn leicht verletzen können. Wir wollten eine Wiederholung vermeiden und beschlossen daher, seinen Aufenthalt abzukürzen und gleich nach dem Frühstück das Lager zu verlassen. Georges Malaria beunruhigte mich, doch versicherte er mir, er würde in ein bis zwei Tagen wieder in Ordnung sein. Da wir aus Erfahrung wußten, daß diese Anfälle nie lange dauern, fuhren wir trotzdem ab.

Nach einigen Meilen sahen wir dreißig Meter vom Weg entfernt zwei Elefanten. Sie prüften unsere Witterung mit erhobenen Rüsseln, machten einige unentschlossene schwankende Bewegungen und zogen weiter. Ibrahim ging voraus, um festzustellen, ob alles sicher sei; denn mit dem schwer-beladenen Anhänger konnten wir nur langsam fahren und bei Gefahr nicht einfach umkehren. Ibrahims Erkundungsgang bewahrte uns davor, geradewegs mit einem zurückgebliebenen Elefantenbullen zusammenzustoßen. Wir ließen ihm Zeit, sich zurückzuziehen. Dazu brauchte er viel länger als wir für unsere Aufnahmen. Wir setzten die Fahrt ohne weitere Zwischenfälle fort, wenn man zwei Reifenpannen, die uns in einen Graben warfen, nicht mitrechnet. Zwei Stunden vor Isiolo hielt der Wagen mit einem Ruck. Der Anhänger hatte ein Rad verloren und saß mit der Achse im Boden fest. Es blieb uns nichts anderes übrig, als den begleitenden Wildhüter mit der Bewachung des Wracks zu betrauen und später mit dem Laster den Anhänger nach Hause zu holen. Lange nach Mitternacht kamen wir endlich in Isiolo an. Als das Haus gerichtet, unsere Sachen abgeladen, das Badewasser heiß und das Abendbrot fertig war, fühlten wir uns sehr müde und reif fürs Bett. Ich bedauerte Billy, dessen Aufenthalt eine einzige Kette von Anstrengungen und Aufregungen gewesen war.

Kurz nach unserer Abfahrt erhielt George eine zweite Nachricht, die ihn, in gleicher Sache wie zuvor, dringend verlangte. Ungeachtet der Malaria brach er am nächsten Morgen das Lager ab. Dabei störte ihn Elsa mit ihrem plötzlichen Erscheinen. Nach ihren Besuchen bei Billy hatte sie sich nicht mehr blicken lassen. Jetzt war sie aber hungrig und kam mit den Jungen heran. Während sie fraß, konnte George nach Isiolo abfahren.

Das Lager brennt

Nach zehn Tagen, Anfang Juni, fuhren wir ins Lager zurück. Bei Sonnenuntergang hatten wir noch etwa sechs Meilen vor uns, als wir auf einmal sahen, daß jeder Busch und jeder Baum mit Geiern übersät war. Als wir langsam auf sie zufuhren, fanden wir uns plötzlich von Elefanten umringt. Allem Anschein nach war das die dreißig bis vierzig Kopf zählende Herde, die sich schon während der letzten Wochen in unserer Nähe aufgehalten hatte. Eine Menge sehr junger Kälber war darunter, deren aufgebrachte Mütter mit erhobenen Rüsseln und wehenden Ohren böse die Köpfe gegen uns schüttelten und dicht an den Wagen herankamen. Wir befanden uns in einer verteufelten Lage, die durch den mit Ibrahim hinterherkommenden Lastwagen nicht gerade verbessert wurde. George sprang sofort auf das Dach des Landrovers mit dem Gewehr in der Hand. Wir warteten, wie es uns schien, endlos lange, bis einige Tiere zwanzig Meter vor uns den Fahrweg überquerten.

Der Anblick war überwältigend. Die Riesen marschierten einer hinter dem anderen und wandten uns die massiven Köpfe mißbilligend zu. Die Jungen drängten sich schutzheischend dicht an die runden Leiber ihrer Mütter.

Nach wütenden Protesten zog der größte Teil der Herde ab. Kleine Gruppen blieben unentschlossen im Buschwerk zurück. Wir warteten, bis sie der Herde folgten. Schließlich behaupteten noch zwei ihre Stellung und schienen nicht die Absicht zu haben, sie zu räumen.

George wollte den Kadaver sehen, der die Vögel herbeigelockt hatte. Da es schnell dunkel wurde, entschloß er sich, mit Makedde zwischen den beiden Elefanten hindurchzugehen. Ibrahim und ich blieben unterdessen auf dem Wagendach und behielten die Tiere im Auge, damit wir George über ihre Bewegungen verständigen konnten. Er fand einen frischgetöteten Wasserbock und eine Löwenfährte dabei. Der Löwe hatte nur wenig gefressen, war also vermutlich durch die Elefantenherde gestört worden.

Es wurde unheimlich schnell Nacht, und als George zurückkam, versperrten die Elefanten noch immer den Weg. Wir konnten ihnen nicht ausweichen, wagten deshalb das Risiko und fuhren mit beiden Wagen an ihnen vorbei.

Wir fragten uns, ob Elsa wohl den Wasserbock getötet hätte. Doch hier war nicht ihr Jagdrevier, und außerdem wäre es für sie, die noch ihre Jungen zu beschützen hatte, zu gefährlich gewesen; denn der Bock war größer als sie selbst, hatte schreckliche Hörner und ein Gewicht von vierhundert Pfund. Für ein solches Wagnis müßte sie schon sehr hungrig gewesen sein.

Als wir im Lager waren, gaben wir einen Signalschuß ab, um Elsa zu verständigen. Dann errichteten wir eine Antenne, weil wir meine erste Rundfunksendung hören wollten, die ich kürzlich in Nairobi über Elsa gemacht hatte. An diesem Abend erschien Elsa nicht.

Am nächsten Morgen zogen wir sehr früh los, um den Kadaver zu untersuchen. Viel war nicht mehr davon übrig und der Boden so sehr von Elefanten zertrampelt, daß wir keine andere Fährte mehr ausmachen konnten. Als wir durch ein Dornengebüsch krochen, störten wir ein Rhinozeros auf, und nach mehrstündiger Suche fanden wir die Fährte eines jungen Löwen. Es konnte Jespahs Fährte sein, der aber kaum so weit fortgegangen sein dürfte.

Als wir nach unserer Rückkehr Elsa und die Jungen auf dem *Big Rock* sahen, waren wir sehr erleichtert. Sobald sie uns entdeckte, sprang sie herunter und landete mit ihrem ganzen Gewicht auf George, der von ihrer Zärtlichkeit fast zerdrückt wurde. Dann warf sie mich zu Boden. Ihre erstaunten Kinder reckten unterdessen die Hälse über das hohe Gras, um zu sehen, was hier vor sich ging.

Später bereiteten wir ihnen im Lager eine Mahlzeit, auf die sie sich, anscheinend völlig ausgehungert, mit viel Gebrüll und Prügelei stürzten. Klein-Elsa erwischte wie immer den besten Teil und zog mit ihrer Beute ab. Ihre Brüder waren noch nicht satt, so daß wir uns genötigt fühlten, einen neuen Kadaver für sie zu holen.

Als wir uns hingesetzt hatten, beknabberte Jespah mit erstaunlicher Frechheit meine Sandalen und beschnupperte meine Zehen. Da seine Krallen und Zähne gut entwickelt waren, zog ich die Füße schnell zurück, worüber er sehr enttäuscht schien. Darum streckte ich ihm als Ersatz langsam die Hand hin. Er beobachtete sie aufmerksam, sah mich an und ging dann fort.

Am Abend bezog Elsa ihren gewohnten Posten auf dem Dach des Landrovers. Die Jungen tollten heute nicht herum, sondern warfen sich auf den Boden und rührten sich nicht mehr. Das überraschte uns, da sie sonst zu dieser Stunde am lebhaftesten waren. In der Nacht hörte ich, wie Elsa leise zu ihnen sprach und die Jungen säugte. Sie mußten wirklich hungrig sein, wenn sie nach zwei Ziegen in vierundzwanzig Stunden noch bei ihrer Mutter tranken.

Morgens waren sie fort. Wir folgten ihrer Fährte, die geradewegs zu dem getöteten Wasserbock führte. So hatte also Elsa tatsächlich vor zwei Tagen nach langer Pirsch dieses kapitale Tier angegriffen. Es war Pech, daß die Elefanten dazwischenkommen und ihr und den Jungen die Beute streitig machen mußten.

Jetzt wußten wir, warum sie so hungrig und erschöpft gewesen waren, als sie ins Lager kamen.

Die schönen Hörner des Bocks nahmen wir mit und hängten sie als stolze Erinnerung an die erste große Jagd der Jungen mit ihrer Mutter ins Studio. Die Kleinen waren jetzt fünfeinhalb Monate alt.

Unsere Besuche bei Elsa auf ihrem *Big Rock* waren immer interessant. Ganz am Ende des Felsens, wo der Kamm in tiefe Spalten zerklüftet und über und über mit Büscheln von *Candelabra Euphorbia* bedeckt ist, gibt es unvergleichliche Verstecke für alle Arten von Tieren. Die Stelle ist von Klippschliefern buchstäblich überschwemmt, die wie Schatten zwischen den Steinen umherschwirrten und uns neugierig betrachteten. Die beiden hellen Punkte über den Augen geben den Tieren einen so fragenden Ausdruck, daß es scheint, als könnte ihre Wißbegier nie befriedigt werden. Ihre Farbe paßt sich vollkommen der des Felsens an.

Wir mußten unsere Gläser nehmen, um ihre raschen Bewegungen bei der Jagd an den fast senkrechten Felsen zu beobachten. Manchmal wurden sie mutiger; dann versammelte sich eine ganze Gesellschaft unter dem Schutz eines Postens, der die Augen nicht von uns wandte, und streckte sich auf den Felsen in der Sonne aus. Auch Stachelschweine mußten in der Nähe sein. Wir fanden oft ihre Stacheln.

Die anziehendsten Tiere dieses Urwaldteils waren ohne Zweifel die Papageien. Eines Nachmittags sah ich ein Pärchen auf einem Baobab ganz nahe bei uns landen. Während sie von Ast zu Ast hüpften, bewunderte ich das unwahrscheinlich schöne smaragdgrüne und orangefarbige Gefieder ihrer kurzschwänzigen untersetzten Körper. Schließlich verschwanden sie in einem großen Astloch. Sekunden später steckte ein anderer, jüngerer Papagei den Kopf aus einem Loch daneben. Kaum hatte er ängstlich geschrien, als auch schon das ältere Paar hervorkam und sich zu dem Kleinen setzte. Bald kletterte noch ein junges Tier hervor, und sie hockten, alle laut schnatternd, dicht beieinander.

Als ich die Gesellschaft durch mein Glas beobachtete, sah ich ganz nahe beim Nest der Papageien ein drittes Loch, darin bewegte sich ein winziges, fast menschlich anmutendes Gesicht. Die riesigen Augen und Ohren zeigten mir, daß es ein Buschbaby war. Buschbabys sind Nachttiere; sie kommen erst nach Einbruch der Dunkelheit aus dem Bau und sind so winzig, daß man sie in eine Hand nehmen kann. Ihre langen, buschigen Schwänze sind doppelt so lang wie der Körper.

Eines Abends machten Elsa und die Jungen einen Spaziergang mit uns. Jespah und seine Mutter gingen voran, Gopa und Klein-Elsa folgten hinter uns. Darüber war Jespah sehr beunruhigt, er eilte vor und zurück und versuchte, sein Rudel zu ordnen, bis schließlich Elsa zwischen uns und ihn trat, uns vorbeigehen ließ und so die Familie zusammenbrachte. Später rieb sie sich zärtlich an unseren Knien, als wolle sie uns danken, daß wir ihr geholfen hatten. In der Nacht verschwand ein gekochtes Perlhuhn aus der Küche. Der Vater der Kleinen war der Dieb. Wir fanden seine Spur beim Küchenzelt.

Am nächsten Morgen hörte ich vom Bett aus, wie Elsa in einem nahen Dickicht zu den Jungen sprach. Seit ihrer Geburt hatten wir nie Radio gehört, wenn sie im Lager waren, um sie nicht zu erschrecken. Heute aber drehte George die Morgennachrichten an, worauf Elsa sofort erschien. Sie betrachtete den Apparat und brüllte ihn so lange aus Leibeskräften an, bis wir abdrehten. Darauf ging sie zu den Jungen zurück. Nach einer Weile stellte George das Radio wieder an. Elsa stürzte herein und wiederholte ihr Gebrüll, bis George endgültig abstellte.

Ich streichelte sie und sprach leise und begütigend zu ihr. Doch war sie erst zufrieden, als sie das Zelt gründlich durchsucht hatte. Dann ging sie zu ihrer Familie. Man hat mich oft gefragt, wie Elsa auf bestimmte Geräusche reagiere. Diese Reaktion jetzt kam unerwartet für mich. Bevor wir sie freiließen, als sie noch bei uns lebte, hatten wir täglich Radio gehört. Wenn sie auch stets beim ersten Ton erschrak, ebenso wie beim Klavierspielen, so beruhigte sie sich, sobald sie wußte, woher die Töne kamen. Sie reagierte verschieden auf die Motorengeräusche eines Autos und eines Flugzeugs. So laut ein Flugzeug auch brummte, Elsa beachtete es nicht; die kleinste Vibration eines Autos dagegen alarmierte sie, oft noch bevor wir etwas hörten. Ich hatte versucht, wenn ich sang, Elsas Reaktion zu testen. Welche Melodie es auch immer war, Elsa reagierte überhaupt nicht. Wenn ich aber die Stimme der Jungen nachahmte, damit Elsa sie suche, reagierte sie sofort. Wenn ich es zum Spaß machte, beachtete sie es nicht.

Als wildes Tier unterschied Elsa natürlich die Stimmen der verschiedenen Tiere und konnte bei einem sich nähernden Tier die Stimmung daraus erkennen. Sie erfaßte auch unsere Stimmung am Klang der Stimme. Ich glaube mich nicht zu irren, wenn ich behaupte, daß sie beim Menschen die tiefe Stimmlage der hohen vorzieht, auch dann, wenn ihre Schärfe nicht von Erregung herrührt.

In der dem Radio-Zwischenfall folgenden Nacht hatte ich genügend Gelegenheit, meine eigenen Reaktionen auf Geräusche zu analysieren. Eine Elefantenherde tummelte sich zwischen dem Fluß und unserem Lager. Das tiefe Rumpeln ihrer Bäuche, das Trompeten, das Krachen fallender Bäume und das Platschen des Wassers machten Schlafen unmöglich. In das Getöse mischte sich noch das Brüllen von Elsas Löwen. Und dabei hörte ich noch, man wird es kaum glauben, Georges Schnarchen. Elsa flüchtete sich in die Dorneneinfriedung um Billys verlassenes Zelt.

Am Morgen glich der Busch ums Lager herum einem Schlachtfeld. Das Gras war zertrampelt, und man sah tiefe Löcher im Boden von den Tritten der Elefanten. Jetzt herrschte wieder Friede. Elsa und die Jungen lagen im trockenen Graben unterhalb des Studios.

Am Nachmittag fuhren wir für neun Tage nach Isiolo. Am 16. Juni auf dem Rückweg ins Lager stießen wir fast mit zwei Elefanten zusammen, die genau vor dem Wagen aus dem Busch hervorbrachen. Zum Glück waren sie ebenso erschrocken wie wir. Als George bremste, verschwanden sie trompetend im Dunkeln.

Im Lager schossen wir eine Leuchtrakete ab. Eine halbe Stunde später erschien Elsa mit den Jungen. Sie begrüßte uns überschwenglich. Ich bemerkte Wunden an Kopf und Kinn und eine tiefe Schmarre am stark angeschwollenen rechten Knöchel. Sie mußte große Schmerzen haben, da sie sich nicht mehr als irgend nötig bewegte. Sie ließ mich nicht die Wunden behandeln. Die ganze Familie war außerordentlich hungrig und brauchte zwei Ziegenkadaver, um satt zu werden.

Am nächsten Morgen verfolgten wir ihre Spuren, um zu sehen, wo sie die Nacht vor unserer Ankunft gelagert hatten. Wir wußten, daß sie uns auf das jenseitige Flußufer führen würden, weil Elsa es bevorzugte, obwohl wir keinen Unterschied sahen. Ihre Wahl gefiel uns nicht, da das gegenüberliegende Flußufer oft von Wilderern besucht wurde. Für Elsa allein wäre das nicht schlimm gewesen, doch mit drei Jungen war die Situation anders.

Wir hatten das Gebiet, in das wir sie freiließen, sorgfältig ausgewählt, da auf beiden Flußufern in einer Breite von einigen Meilen bestimmte Tsetsefliegen vorkamen, deren Biß für Menschen und die meisten Raubtiere harm-

Jespah schleift eine tote Ziege fort

In diesem Versteck fanden wir Elsa nach ihrer langen Abwesenheit im Juli

los, für Haustiere aber gefährlich ist. Darum brauchten wir nicht zu fürchten, daß verführerische Ziegen in Elsas Reichweite kamen. Elsa war in ihren Gewohnheiten sehr konservativ; sie wechselte wohl ihren Lagerplatz alle zwei bis drei Tage, doch nur innerhalb eines sehr begrenzten Umkreises. Deshalb brauchten wir bisher um ihre Sicherheit nicht besorgt zu sein.

In letzter Zeit gab es genügend Anhaltspunkte dafür, daß Eingeborene in unser Gebiet eindrangen. Darum hielten wir es für notwendig, den Lagerplatz zu kennen, den Elsa jetzt am meisten benutzte. Dann konnten wir ihr im Notfall leichter helfen. Wir folgten der Fährte, die uns vom Fluß durch ein trockenes Flußbett zu einer Felsgruppe führte, etwa achthundert Meter vom Lager entfernt, die wir *Cave Rock*, Höhlen-Felsen, nannten. Die Felsen hatten eine regengeschützte Höhle mit mehreren »Terrassen«, ausgezeichneten Ruheplätzen, von denen aus man den Busch ringsum überwachen konnte. Außerdem gab es in der Nähe noch ein paar Bäume zum Klettern für die Kleinen. Hier schien Elsas augenblicklicher Lagerplatz zu sein.

Als wir ins Lager zurückkamen, warteten Elsa und die Jungen schon auf uns. Sie schien nervös, war jedoch sehr zutraulich. Sie umarmte mich mit den Pfoten, und ich durfte sie sogar als Kissen benutzen. Jespah, der uns beobachtete, gefiel das anscheinend nicht, denn als seine Mutter gegangen war, duckte er sich und griff mich an. Er wiederholte es dreimal, und obwohl er im letzten Augenblick zur Seite sprang und vorgab, die Losung der Elefanten interessiere ihn mehr, ließen die angelegten Ohren und das böse Knurren keinen Zweifel an seiner Eifersucht. Bezeichnend war, daß er seine Angriffe in dem Augenblick versuchte, in dem seine Mutter nicht aufpaßte. Um ihn zu beschwichtigen, gab ich ihm ein paar Leckerbissen und band dann einen drei Meter langen Strick an einen Reifenschlauch, den ich ihm zuwarf. Während wir Tauziehen spielten, hörten wir plötzlich Elefanten rumpeln, die sich im Studio auf ihre Weise zu amüsieren schienen.

Am nächsten Tag, wir frühstückten gerade, standen auf einmal vier dieser Riesen zwischen der Küche und den Zelten. Sie waren so leise gekommen, daß wir meinten, sie seien vom Himmel gefallen. Ebenso geräuschlos verschwanden sie wieder.

In letzter Zeit siedelten sich Krokodile, die sich während des Hochwassers zerstreut hatten, wieder in den tiefen Stellen des Flusses an. Wir waren darüber beunruhigt, da Elsa oft ihr Fleisch zum Fluß schleifte, bevor wir es für die Nacht festbinden konnten. Mehrere Male hörten wir sie nach Einbruch der Dunkelheit knurren. Wenn wir ihr dann mit Lampen und Gewehr zur

Hilfe kamen, verteidigte sie ihre »Beute« gegen ein Krokodil, das aber stets verschwand, sobald wir den Schauplatz betraten. Wir versuchten, Krokodile zu schießen, konnten aber nur auf die Augen zielen, da der Körper unter Wasser war. Von allen wilden Tieren haben Krokodile den Instinkt für das Herannahen einer Gefahr am besten entwickelt. Deshalb ist es nicht verwunderlich, daß sie uns immer entwischten, ganz gleich, wie vorsichtig wir uns auch näherten.

Am 20. Juni waren die Jungen sechs Monate alt. Zur Feier dieses Tages schoß George ein Perlhuhn. Natürlich bemächtigte sich Klein-Elsa der Beute und verschwand damit im Busch. Ihre entrüsteten Brüder verfolgten sie, kamen jedoch geschlagen zurück, purzelten einen Sandhügel hinunter und landeten auf ihrer Mutter, die, alle viere von sich gestreckt, auf dem Rücken lag. Sie packte die Köpfe der Kleinen und hielt sie im Maul fest. Mühsam befreiten sie sich und zwickten dann die Mammi in den Schwanz. Nach diesem herrlichen Spiel stand Elsa auf, ging würdevoll auf mich zu und umarmte mich zärtlich, als wolle sie mir zeigen, daß ich nicht ausgeschlossen sei. Jespah sah verblüfft drein. Wie sollte er sich das erklären? Seine Mutter machte soviel Aufhebens um mich, daß ich nicht böse sein konnte, aber dennoch, ich war so ganz anders als sie. Jedesmal, wenn ich ihm den Rücken zukehrte, pirschte er sich an mich heran. Sobald ich mich umdrehte, hielt er inne, rollte den Kopf hin und her, als wisse er nicht, was er jetzt tun solle. Dann schien er eine Lösung gefunden zu haben. Er ging geradewegs auf den Fluß zu, mit der unverkennbaren Absicht, hinüberzuschwimmen. Elsa stürzte ihm nach. Ich rief, »nein, nein«, aber ohne Erfolg. Die ganze Familie folgte ihnen. So jung Jespah noch war, er hatte die Führung des Rudels übernommen, und seine Familie erkannte ihn an.

Als sie zurück waren, schlief Elsa ein, den Kopf in meinem Schoß. Das war zuviel für Jespah. Er kroch heran und kratzte meine Schienbeine mit seinen scharfen Krallen. Da Elsas Gewicht auf meinen Beinen lag, konnte ich sie nicht bewegen. Um ihn zu beruhigen, streckte ich langsam meine Hand nach ihm aus. Im Nu biß er zu, und ich hatte eine Wunde im Zeigefinger. Zum Glück trage ich immer Sulfonamid-Pulver bei mir und konnte die Wunde sofort desinfizieren. All das geschah wenige Zentimeter vor Elsas Nase; aber sie ignorierte den Zwischenfall diplomatisch und schloß schläfrig die Augen.

Ich blieb sitzen und beobachtete, wie die letzten Strahlen der sinkenden Sonne die Wipfel der Duompalmen vergoldeten. Dann verschwanden alle Farben, und es wurde dunkel.

Plötzlich merkte ich, wie Klein-Elsa verhielt und aufmerksam auf das gegenüberliegende Ufer starrte. Ich folgte ihrem Blick und sah einen riesigen Elefantenbullen zum Trinken ans Wasser gehen. Ich stupste Elsa, die ihn jetzt auch sah, sich aber nicht rührte. Der Elefant hob den Rüssel und witterte. In dieser Haltung blieb er lange Zeit. Da wir gegen den Wind saßen, bemerkte er uns nicht. Für den Fall, daß er sich entschließen sollte, den Fluß zu überqueren, befreite ich mich von Elsas Gewicht und brachte die Kameras in Sicherheit. Als ich die Apparate ins Zelt getragen hatte, setzte sich der Elefant langsam in Bewegung und verschwand im Busch.

Daraufhin gingen wir alle ins Lager. Jespah benahm sich so freundschaftlich, daß ich mich fragte, ob er mich nur zum Spiel gebissen habe. Zwischen ihm und seiner Mutter bedeutete ein Biß natürlich ein Zeichen von Zuneigung.

Allmählich machten wir uns Sorgen über Jespahs Beziehungen zu uns. Wir hatten alles getan, die natürlichen Instinkte der Jungen zu achten, und alles unterlassen, was ihnen hinderlich sein konnte, wilde Löwen zu werden. Die unvermeidliche Folge davon war, daß wir keine Kontrolle über sie hatten. Klein-Elsa und ihr schüchterner Bruder hielten sich wie immer zurück. Sie provozierten nie eine Situation, die Strafe verlangte. Jespahs Charakter war ganz anders. Seine scharfen, kratzenden Krallen konnte ich nicht zurückschieben und »nein, nein« sagen, wie bei Elsa in ihrer Jugend, als ich ihr beibrachte, die Krallen einzuziehen, wenn sie mit uns spielte. Ich wollte aber auch keinen Stock benutzen. Elsa könnte damit nicht einverstanden sein und vielleicht aufhören, mir zu vertrauen. Es blieb uns nichts übrig, als auf freundschaftliche Beziehungen zwischen uns und Jespah zu hoffen. Doch sein augenblickliches unberechenbares Verhalten deutete mehr auf Waffenstillstand als auf Freundschaft.

Nach fünf Tagen im Lager fuhren wir wieder nach Isiolo. Dort erfuhren wir, daß George bald auf eine drei Wochen dauernde Safari gehen müsse. Wir wollten Elsa nicht so lange allein lassen. Da ich aber ohne Georges Landrover nicht genug Fahrzeuge für den Weg zwischen Isiolo und dem Lager hatte, beschloß ich, die drei Wochen im Busch zu bleiben, auch wenn es das wilde Leben der Jungen beeinflussen sollte.

Bevor ich abfuhr, blieb ich zwei Wochen allein in Isiolo und wollte in der ersten Juliwoche mit George im Lager zusammentreffen. Zu dieser Zeit würde George auf dem Rückweg von einer Kontrollfahrt nach Isiolo sein, wo er Vorbereitungen für die Safari treffen mußte.

Als ich mich dem Lager näherte, wurde ich unruhig, weil ich George nicht sah. Voller böser Ahnungen fuhr ich weiter. Meine Sorgen vergrößerten sich, als beim Näherkommen die Luft so voller Rauch war, daß meine Lungen schmerzten. Bei meiner Ankunft traute ich meinen Augen kaum. Die Dornbüsche lagen in Asche, schwelende Baumstümpfe vermehrten noch die quälende Hitze; die beiden schattenspendenden Akazien waren verbrannt.

In krassem Gegensatz zu der verkohlten, geschwärzten Umgebung standen die grünen Zelte. Wie erleichtert war ich, als ich George in einem der Zelte beim Mittagessen fand. Er hatte mir eine Menge zu erzählen. Bei seiner Ankunft vor zwei Tagen hatte er das Lager brennend angetroffen und die Fußspuren von zwölf Wilderern gefunden. Sie hatten nicht nur Bäume und Dornenhecken in Brand gesteckt, sondern auch alles, was ihnen in die Hände gekommen war, zerstört, sogar Ibrahims kleinen Gemüsegarten.

George machte sich um Elsa Sorgen und schoß zwischen neunzehn und zweiundzwanzig Uhr mehrere Leuchtraketen ab, ohne eine Antwort zu bekommen. Um dreiundzwanzig Uhr war sie mit den Kleinen plötzlich völlig ausgehungert aufgetaucht. In zwei Stunden fraßen sie eine ganze Ziege. Elsa war außerordentlich zärtlich und mehrmals im Laufe der Nacht gekommen, um sich auf Georges Bett zu legen. Dabei hatte er an ihrem Körper mehrere Wunden bemerkt. Beim Morgengrauen war sie verschwunden. George folgte der Spur und fand Elsa schließlich auf dem *Whuffing Rock*. Dann versuchte er herauszufinden, woher sie am Abend vorher gekommen war. Ihre Fährte, die vom Fluß herführte, verlief mit den Spuren der Wilderer durcheinander. Er fragte sich, ob die Wilderer Elsa und die Jungen gejagt hätten.

Nach dem Mittagessen schickte er drei Wildheger auf die Suche nach den Brandstiftern. Sie kamen mit sechs Schuldigen zurück, die George das Lager wieder aufbauen ließ. Das war keine angenehme Arbeit, denn sie mußten viele Dornbüsche für die Einfriedungen schneiden.

Elsa und die Jungen, die während der Nacht im Lager gewesen waren, verließen George kurz nach Tagesanbruch. Eine halbe Stunde später hörte George Gebrüll aus der Richtung von *Big Rock*, in die sie gezogen waren. Er nahm also an, es sei Elsa. Darum wunderte er sich, als er ihre Stimme kurz darauf vom jenseitigen Ufer hörte.

Da erschien sie plötzlich naß und ohne die Jungen. Sie war sehr aufgeregt und lief ein paar Minuten später eilig und laut rufend in Richtung auf den *Big Rock* davon. George nahm so gut wie sicher an, daß sie vor kurzem mit einem Feind zusammengetroffen war, da ihre Wunden nicht von einem Beutetier herrühren konnten. Auch ihre Nervosität ließ vermuten, daß sie den

Feind noch in der Nähe wußte. George meinte jetzt, das Brüllen, das er erst Elsa zugeschrieben hatte, käme von einem wütenden Löwen, der sie angegriffen hatte. Während die zwei miteinander kämpften, waren die Jungen wahrscheinlich fortgelaufen, und Elsa war nach dem Kampf über den Fluß entkommen. Jetzt folgte George ihr bei der Suche nach den Kleinen.

Gemeinsam kletterten sie auf den *Big Rock*. Oben angelangt, rief Elsa mit ängstlicher Stimme. George und Elsa suchten überall zwischen Felsen und Lager, fanden aber die Jungen nicht. Plötzlich zeigte Elsa großes Interesse an einem dichten Gebüsch. Sie schnüffelte aufmerksam daran und rief hinein. George untersuchte das Dickicht, fand aber keine Jungen. Elsa blieb jedoch daneben liegen, während George ins Lager ging und Nuru zum Mitsuchen holte. Den ganzen Morgen über hielten beide nach Fährten Ausschau, fanden aber nur Elsas Spur, die sie am frühen Morgen gelegt haben mußte. Sie zeigte, daß Elsa schnell auf den Fluß zugelaufen war und ihn unterhalb des Studios überquert hatte.

Nach langem ergebnislosem Herumsuchen schickte George Nuru ins Lager zurück und ging allein weiter, bis er Elsa am Fuß vom *Whuffing Rock* fand, wo sie immer noch verzweifelt nach ihren Kindern rief. Gemeinsam krochen sie über den Kamm und suchten in allen nur möglichen Verstecken. Sie fanden die Fährten eines großen Löwen und einer Löwin, und Elsa war sehr aufgeregt. Am Morgen hatte sie darauf bestanden, die Führung zu halten, war jetzt aber zufrieden, daß George die Führung übernahm.

Als sie zum Ende des Felsens kamen, nahe der Stelle, wo die Jungen geboren wurden, schnüffelte Elsa beharrlich in eine Spalte. Plötzlich sah George ein Junges über die Felskuppe spähen, gleich darauf erschien ein zweites. Es waren Klein-Elsa und Gopa, Jespah fehlte.

Als die beiden ihre Mutter sahen, stürzten sie herbei, rieben ihre Nasen an Elsa und gingen schließlich mit ihr in den »Küchengraben«. All dies war kurz vor meiner Ankunft geschehen. Sobald George fertig gegessen hatte, wollte er weiter nach Jespah suchen. Natürlich ging ich mit ihm.

Ungefähr nach einer Stunde tauchte Elsa am Fuß von *Big Rock* auf und begrüßte mich liebevoll. Während ich ihr die Tsetsefliegen auskämmte und ihre Wunden behandelte, sahen die Jungen verstohlen aus einer Entfernung von sechzig Metern zu und rannten dann davon. Als ich Puder in die Wunde rieb, stellte ich fest, daß Elsa nicht nur Wunden am Hinterteil, sondern auch an Brust und Kinn hatte.

Die ganze Zeit über blieben die Jungen im Busch, aber das beunruhigte Elsa nicht. Um die Kleinen zu ermutigen, zu ihrer Mutter zu kommen, versteckten wir uns hinter den Felsen, und bald stürzten sie auch schon herbei.

Als die drei auf dem Felsen in Sicherheit waren, ging George auf die Suche nach Jespah zu den *Zom Rocks;* ich durchsuchte inzwischen den Fuß der Felskette. Ich sah zu Elsa hin und bemerkte, daß sie ein Gesicht schnitt und in Richtung des Dickichts schnüffelte, das sie, wie George sagte, am Morgen so interessiert hatte. Als ich sie rief, rührte sie sich nicht. Der Boden war mit frischen Löwenspuren übersät, und ich verstand, warum sie Angst hatte.

Jetzt trottete sie vor uns her auf das interessante Dickicht zu. Als sie gerade daran vorbei war, sah ich nicht zwei, sondern drei Junge hinter Elsa herspringen, als ob nichts geschehen sei.

Jespahs Wiederkehr nach einem Tag Abwesenheit schien die Familie als das Selbstverständlichste der Welt hinzunehmen. Wir hingegen waren sehr erleichtert und folgten dem Trupp zum Fluß, wo alle vier zu einem langen Trunk anhielten, während wir vorausgingen und im Lager Fleisch für sie zurechtmachten. Als wir uns endlich zum gemütlichen Essen hinsetzen konnten, besprachen wir Elsas eigentümliches Verhalten. Warum hatte sie die Suche nach Jespah nicht fortgesetzt? Wußte sie die ganze Zeit, daß er sich im Gebüsch versteckt hielt? Doch warum sollte er dort zwölf Stunden lang allein geblieben sein, so dicht beim Lager, beim Fluß und den Felsen, wo sich seine Familie aufhielt? Und warum hatte er das Rufen seiner Mutter und unser Rufen nicht beantwortet? Elsas und Jespahs Angst wären zu erklären gewesen, wenn sich die fremden Löwen noch bei den Felsen aufhielten; doch dann hätten sich Gopa und Klein-Elsa sicher nicht dort versteckt.

Nach dem Abendessen mußte George nach Isiolo zurück, um die Safari vorzubereiten. Ich ließ ihn nicht gern zu so später Stunde fahren, wo alle wilden Tiere unterwegs waren.

Bald nach Georges Abfahrt fingen die Löwen vom *Big Rock* her an zu rufen und brüllten fast die ganze Nacht. Als Elsa sie hörte, kam sie mit den Jungen ganz dicht an meine Einfriedung heran und blieb dort bis zum Morgengrauen. Dann nahm sie die Jungen über den Fluß. Später fand ich ihre Spur auf der Sandbank gerade unterhalb des Lagers. Die Spur war mit einer Büffelspur vermischt. Der Büffel hielt sich schon seit einiger Zeit in unserer Umgebung auf und schien durch unsere Nähe nicht beunruhigt. Er kam jede Nacht zu einer bestimmten Stelle unterhalb des Lagers zum Trinken.

Während der nächsten Tage versuchte ich mehrmals Krokodile zu schießen, aber ohne Erfolg.

Elsa und die Jungen wußten sehr gut, daß die Krokodile ihnen nicht freundlich gesonnen waren. Häufig beobachteten sie das Wasser aufmerksam nach verdächtigen Strudeln oder vorbeischwimmenden Stöcken. Trotzdem machte ich mir Sorgen um ihre Sicherheit, denn sie verhielten sich oft unberechenbar.

Eines Nachmittags rief ich Elsa, die sich am anderen Ufer aufhielt. Sie kam sofort und wollte gerade mit den Jungen zu mir herüberschwimmen. Plötzlich erstarrten alle vier und sahen aufmerksam ins Wasser. Dann führte Elsa ihre Kinder eine Strecke den Fluß hinauf bis zum »Küchengraben«, wo das Wasser während der Trockenzeit sehr seicht ist. Trotzdem wagten sie eine Stunde lang nicht die Überquerung, und auch die Jungen unterließen ihre üblichen Spritz- und Tauchspiele. Dies Verhalten beruhigte mich, denn es zeigte Elsas Vorsicht. Am nächsten Tag rief ich Elsa zur gleichen Zeit von der gleichen Stelle. Sie schwamm sofort herüber, ohne einen Augenblick zu zögern. Ich stellte fest, daß Elsa auf der Zunge eine Wunde von der Größe eines Fünfmarkstücks hatte und eine tiefe, blutende Schmarre über den Leib. Trotzdem leckte sie die Jungen, was mich sehr erstaunte.

In der Dämmerung saßen wir alle beim Fluß. Plötzlich blickten Elsa und die Jungen aufs Wasser, erstarrten und schnitten Grimassen. Drei bis vier Meter vor uns sah ich ein Krokodil. Es mußte ein großer Bursche sein, allein der Kopf war länger als dreißig Zentimeter. Ich schoß und traf. Obwohl die Jungen dichter als einen Meter neben mir saßen, störte sie der Schuß nicht. Später kam Elsa und rieb den Kopf an meinem Knie, als wolle sie mir danken.

Fast jeden Nachmittag brachte sie die Jungen zur Sandbank. Dort zog sie die Büffel- und Elefantenlosung an, in der sie sich mit großem Behagen wälzten. Dann spielten sie an entwurzelten Palmen. Fielen sie herunter, was oft geschah, dann landeten sie nicht auf den Füßen, wie die sprichwörtlichen Katzen, sondern purzelten schwerfällig wie die Mehlsäcke ins Gras und schienen über den plötzlichen Sturz sehr erstaunt.

Zu dieser Zeit etwa wurde Jespah freundlicher. Manchmal leckte er mich, einmal stellte er sich sogar auf die Hinterbeine und umarmte mich. Elsa bemühte sich, in Gegenwart der Jungen nicht allzu große Zuneigung für mich zu zeigen. Waren wir allein, benahm sie sich so ergeben wie früher. Sie vertraute mir wie eh und je und erlaubte mir sogar, ihr, wenn nötig, das Fleisch aus den Klauen zu nehmen und an einen besseren Platz zu bringen. Ich durfte auch das Fleisch der Jungen anfassen. Wollte ich zum Beispiel abends übriggebliebene Reste ins Lager bringen, damit die Krokodile sie nicht fräßen, protestierte sie nie, auch nicht, wenn ich das Fleisch über sie hinweg ziehen mußte oder wenn sich die Jungen daran klammerten, um es zu verteidigen.

In der Dämmerung wurden die Jungen gewöhnlich sehr lebhaft. Sie legten ihre Mutter oft herein, so daß sie mit Mühe ihren Respekt bewahren konnte. Jespah hatte entdeckt, daß Elsa schwer loskam, wenn er sich auf die Hinterfüße stellte und ihren Schwanz ergriff. Auf diese Weise marschierten sie im Kreis umher, wobei Jespah sich wie ein Clown benahm. Hatte Elsa genug, setzte sie sich auf den Boden, und es schien Jespah immer wieder zu entzücken, wie seine Mutter das Spiel beendete. Er leckte und umarmte sie, bis sie in unser Zelt flüchtete.

Es dauerte aber nicht lange, und unser Zelt bot Elsa keine Zuflucht mehr. Jespah folgte ihr, sah sich um und fegte dann alles, was er erreichen konnte, zu Boden. Nachts hörte ich ihn oft die Lebensmittelkisten und Bierkästen aussortieren. Die scheppernden Flaschen bereiteten ihm nicht endendes Vergnügen. Eines Morgens fanden die Boys die Reste meines kostbaren Gummikissens im Fluß. Doch konnte ich Jespah nicht einmal einen Vorwurf machen, denn ich hatte dummerweise das Kissen abends im Stuhl liegenlassen. Er fühlte sich in unserm Zelt bald zu Haus. Seine Geschwister waren immer noch weniger unternehmungslustig, blieben draußen und beobachteten die Späße ihres Bruders.

Eines Abends besuchte Jespah sogar die Boys in der Küche. Er erschien, als sie ums offene Feuer saßen, wanderte schnüffelnd um sie herum, inspizierte den Ort genau und ging dann wieder hinaus.

Eine Folge des Lagerbrandes war, daß uns während der Trockenzeit keine Skorpione plagten. Im allgemeinen mußten wir einen Stock zur Hand haben, damit wir sie töten konnten, wenn sie nach Einbruch der Dunkelheit mit erhobenen Schwänzen über den Zeltboden huschten. Es überraschte mich immer, daß weder Elsa noch die Jungen, soweit wir es beurteilen konnten, von Skorpionen gestochen wurden. Vor einigen Jahren war mein Terrier, der ungefähr die Größe der Jungen hatte, an einem Skorpionstich fast gestorben. Mich selbst hatte einmal ein Skorpion von nur zweieinhalb Zentimeter Länge gestochen. Bis das Gift, für das es noch kein Gegengift gibt, ausgeschieden war, litt ich an schmerzhaften Krämpfen und geschwollenen Drüsen.

In unserer Gegend gibt es zwei Skorpionarten. Die einen sind schwarz, etwa zehn Zentimeter lang und machen einen sehr gefährlichen Eindruck.

»Wie kannst du es wagen, uns zu stören?«

»Fäßchen«, der Pavian — Diese Balgereien machten auch Elsa Spaß

Jespah folgte dem Beispiel seiner Mutter und spielte oft mit mir

Die kleinere, blassere Art produziert aber ein wesentlich wirksameres Gift.

Das Feuer, das uns die Skorpione vom Halse hielt, hatte uns auch die liebenswerten Frösche genommen, die jeden Abend kamen und an der Lampe Insekten fingen. Ein besonders waghalsiger hopste auf Elsa herum, wenn sie sich im Zelt ausruhte. Ich wunderte mich immer, daß die beiden keine Notiz voneinander nahmen. Wenn meine Kanvasbadewanne mit Wasser gefüllt war, hüpften lustige Frösche um sie herum. Ich hatte mich so an sie gewöhnt, daß ich sie jetzt vermißte.

Elsas Kampf

Eines Morgens beobachtete Makedde, wie etwa eine halbe Meile stromabwärts Geier kreisten, an der Stelle fand er ein Rhinozeros, das am Tage vorher an der Tränke von vergifteten Pfeilen getötet wurde.

Die Wilderer hatten eine Menge Fußspuren hinterlassen und auf den Bäumen bei der Tränke Hochsitze angelegt. Sie mußten gut im Bilde sein und wissen, daß ich mit Makedde allein im Lager war. Wäre George dagewesen, hätten sie es nie gewagt, so dicht bei uns derartige Vorkehrungen zu treffen.

In der Nacht zum 8. Juli gab es ein Konzert; Elsas Löwe rief, Leoparden husteten, Hyänen heulten. Als Elsa am nächsten Abend im Zelt lag, den Kopf in meinem Schoß, und ich ihr die Tsetsefliegen absuchte, erschreckte mich das laute Brüllen ihres Löwen. Wie ein Blitz stürzte sie in Richtung des »Küchengrabens« davon. Die Jungen eilten hinterher, kamen aber bald zurück und saßen verstört vorm Zelt. Später kam auch Elsa wieder und blieb, bis der Löwe nicht mehr rief. Sobald sie gegangen war, hörte ich das Krachen von Knochen und wußte, daß die Hyänen fraßen. Elsa ließ sich die nächsten vierundzwanzig Stunden nicht sehen, obwohl ihr Löwe die Luft mit seinem Gebrüll erzittern ließ. Zu meiner Überraschung kam sie am nächsten Morgen um neun Uhr mit den Jungen und bat um Futter. Ich gab ihnen einen Kadaver, den sie zum Fluß schleiften. Nach zwei Stunden, als sie das meiste gefressen hatten, verschwanden sie. Bedeutete ihr Kommen zu dieser ungewohnten Stunde, daß sie ihrem Gefährten aus dem Wege ging und nur zum Fressen kam, wenn sie wußte, daß er nicht auftauchen würde?

Am Abend brachte sie wieder die Jungen mit. Als ich ins Bett gegangen war, versuchte sie dreimal, den Fluß zu überqueren. Da ich nicht einsah, warum ich freie Mahlzeiten für jedes Raubtier in der Nachbarschaft bereithalten sollte, rief ich sie jedesmal zurück und bestand darauf, daß sie die Reste ihrer »Beute« bewachte. Sie gehorchte und zog erst kurz vor Tagesanbruch endgültig ab, als der Kadaver nicht mehr behütet zu werden brauchte.

Drei Tage lang kam sie erst spät abends ins Lager, am vierten – es war der 15. Juli – brachte sie nur zwei Junge mit, Jespah fehlte. Ich war beunruhigt und wiederholte, als er nach einer Weile immer noch nicht kam, so lange seinen Namen, bis Elsa sich entschloß, stromaufwärts nach ihm zu suchen. Die beiden Jungen nahm sie mit.

Über eine Stunde hörte ich sie rufen, bis ihre Stimme allmählich von der Entfernung verschluckt wurde.

Von den erschrockenen Schreien der Paviane begleitet, brach plötzlich wildes Löwengebrüll los. Da es dunkel war, konnte ich nicht nachsehen, was geschehen war. Ich erwartete den Ausgang des Kampfes mit bangen Gefühlen, denn ich war sicher, daß Elsa von dem fremden Löwen angegriffen wurde.

Etwas später kam sie zurück. Kopf und Schultern waren mit blutenden Schrammen übersät, und das rechte Ohr war durchbissen; in die Wunde konnte man gut zwei Finger stecken. Das war die schlimmste Verletzung, die sie je erlitten hatte. Klein-Elsa und Gopa kamen mit zurück. Sie saßen ein wenig abseits und schauten sehr verängstigt drein. Ich versuchte, Elsas Wunden mit Sulfonamid zu behandeln, doch sie war zu gereizt, um mich heranzulassen. Das Fleisch, das ich ihr brachte, interessierte sie nicht. Ich legte es zwischen die Jungen und mich. Sie stürzten sich darauf, schleiften es ins Dunkle, und bald hörte ich sie daran reißen. Ich saß lange Zeit neben Elsa. Sie hielt den Kopf zur Seite geneigt, das Blut tropfte aus den Wunden. Schließlich erhob sie sich, rief die Jungen und watete durch den Fluß.

Ich konnte kaum abwarten, bis es hell wurde, um nach Jespah zu suchen. Am nächsten Morgen folgten Makedde, Nuru und ich Elsas Fährte zum *Cave Rock*, wo ich zu meiner Erleichterung die Familie beisammen fand. Ich war glücklich, Jespah in Sicherheit zu wissen, so daß ich mich jetzt der Behandlung seiner Mutter widmen konnte. Das Ohr blutete noch stark. Von Zeit zu Zeit schüttelte Elsa den Kopf, um die Ohröffnung austropfen zu lassen. Lecken konnte sie die Wunde nicht, kratzte sich aber ununterbrochen, um die Fliegen abzuhalten. Das war nicht das Richtige, um die Wunde sauberzuhalten. Die Jungen schienen recht bedrückt, wenn auch Jespah seine Mutter zärtlich leckte.

Die Boys blieben außer Sichtweite, während ich versuchte, Puder in die Wunde zu streuen; doch Elsa unterstützte mich nicht dabei. Sobald ich mich ihrem Kopf näherte, rückte sie fort, offensichtlich mit großer Anstrengung. Plötzlich erschreckten mich Stimmen, vermutlich die von Wilderern. Ich mußte mich schnell entschließen. Sollte ich an Ort und Stelle bleiben? Besser nicht, denn Elsa schien unsere Gesellschaft nicht zu schätzen, würde dann vielleicht mit den Jungen fortgehen und den Wilderern in die Hände fallen. Ich ging zum Lager zurück und hoffte, daß sie mir folgen würde, da sie hungrig war. Auf dem Heimweg machten wir einen Umweg, um das Schlachtfeld der vergangenen Nacht zu inspizieren. Es lag etwa eine halbe Meile vom Lager entfernt auf einer Sandbank inmitten des Flusses. Wir sahen eine Menge Löwenfährten, dazwischen Pavianspuren. Wir konnten zwar die Abdrücke eines Löwen erkennen, waren aber nicht sicher, ob er allein gewesen war.

Ich wartete ängstlich, bis Elsa am späten Nachmittag mit den Jungen kam. Es gelang mir, ein paar Tabletten in das Fleisch zu schmuggeln, das Elsa aus meiner Hand nahm. Wenn es mir gelingen würde, ihr täglich fünfzehn Tabletten einzugeben, konnte ich sicher eine Blutvergiftung vermeiden. Das Ohr näßte, vermutlich war auch der Muskel verwundet. Ununterbrochen schüttelte sie den Kopf, um die einsickernde Flüssigkeit abzuschütteln.

Jespah, der eigentlich schuld an dem Unglück hatte, benahm sich sehr zutraulich. Er leckte mich und neigte mehrmals den Kopf, um mir lange ins Gesicht zu sehen.

Man hört oft die Meinung, Mitglieder der Katzenfamilie könnten einem Menschen nicht lange ins Gesicht sehen. Das trifft für Elsa, ihre Geschwister und die Jungen nicht zu. Ich finde sogar, daß sie ihre Gefühle mit den Augen viel besser ausdrücken als wir mit Worten.

Als sich Elsa schon für die Nacht eingerichtet hatte, begann ein Löwe sie zu rufen. Dies schien sie zu beunruhigen, und sie ging bald darauf mit den Jungen fort.

Ich war froh, als sie alle am folgenden Nachmittag wiederkamen. Jespah stupste mich ein paarmal freundlich mit der Nase in den Rücken, was Elsa anscheinend nicht gefiel, denn sie legte sich zwischen mich und ihren Sohn.

Gegen Abend trieb Nuru die Ziegen zum Lastwagen. Heute sah ich zum erstenmal ein Interesse der Jungen an den Ziegen. Wir hatten natürlich eine Berührung zwischen den Jungen und ihnen vorsorglich vermieden, und die Jungen hatten nie vorher das Blöken beachtet.

In der Nacht erwachte ich und bemerkte, daß es nach Rauch roch. Ich sah, daß das Ufer unterhalb der Küche brannte. Da das Feuer so dicht am Wasser war, konnten die Boys es im Nu löschen. Es kam von einem glimmenden Baumstumpf, den wir beim Lagerbrand übersehen hatten und der nun den trockenen Busch entzündet hatte.

Elsa beobachtete die Löscharbeiten vom Zelt aus und beschwichtigte un-

Gopa, Klein-Elsa, Jespah (v. l. n. r.)

Die Zibetkatze — Jespah

unterbrochen die Jungen mit beruhigendem »mhn-mhn«. Als alles vorbei war, überquerten sie den Fluß.

Kurz darauf hörte ich zwei Löwen knurren und die Knochen des Kadavers vor Georges Zelt knacken. Die Löwen hielten sich lange bei ihrer Mahlzeit auf und zogen erst im Morgengrauen ab, als sich die Boys in der Küche unterhielten. Unter dem Geschrei der Paviane, auf das sie laut brüllend antworteten, durchschwammen sie den Fluß. Wir fanden die Spur eines Löwen und einer Löwin.

Elsa ließ sich ein paar Tage lang nicht blicken. Wahrscheinlich war dieses Paar daran schuld, das in unserer Nähe blieb und dessen Knurren in der folgenden Nacht beim Ziegenwagen zu hören war.

Mit den Boys unternahm ich mehrere erfolglose Suchaktionen nach Elsa, wobei wir ein Rhinozeros und mehrere Büffel aufstöberten.

Als Elsa auch am vierten Tag ausblieb, begann ich mich zu ängstigen. Ihre Wunde mußte sie beim Jagen sehr behindern, und außerdem fürchtete ich, daß die Wilderer ihr Schaden zufügen könnten. Am Abend des 20. Juli sah ich Geier kreisen und befürchtete das Schlimmste. Wir gingen nachsehen, fanden aber nur neue Spuren der Wilderer. Bei allen Tränken auf beiden Seiten des Flusses hatten sie Verstecke angelegt. Wir fanden auch die Asche frisch gelöschter Feuer und verscharrte Knochen. Vor einer Woche, als Makedde vergiftete Pfeilspitzen in einem Rhinozeros gefunden hatte, schickte ich eine Meldung an den Inspektor des Reservats und bat um Fährtensucher für Überwachungsgänge. Ich freute mich sehr, als wir sie bei unserer Rückkehr im Lager antrafen. Gemeinsam mit ihnen machten wir uns am nächsten Morgen erneut auf die Suche nach Elsa und vereinbarten, einen Schuß abzugeben, sobald einer sie entdeckte.

Drei Stunden später hörte ich den Schuß und ging ins Lager. Dort erzählten zwei der Neuangekommenen, sie hätten Elsa und die Jungen unter einem Gebüsch auf der anderen Seite des Flusses, etwa eine Meile landeinwärts, gesehen.

Sie hatte im Schatten gelegen, und die Jungen hatten geschlafen; sie hatte die Männer gesehen, sich aber nicht gerührt. Das klang unglaubwürdig, es sei denn, sie war so krank, daß nicht einmal Fremde sie störten.

Makedde schlug vor, Elsa etwas Fleisch zu bringen, nicht so viel, um sie satt zu machen, sondern nur, um sie ins Lager zu locken. Als wir uns dem Versteck näherten, gab ich den Männern Zeichen, zurückzubleiben, und rief nach ihr.

Sie kam ganz langsam heran, den Kopf zur Seite geneigt. Ich war überrascht und entsetzt, daß sie sich an einer so exponierten Stelle niedergelassen hatte, wo sie leicht von Wilderern entdeckt werden konnte. Die Wunde im Ohr war schmutzig und eiterte, und Elsa hatte offenbar große Schmerzen. Wenn sie den Kopf schüttelte, hörte es sich an, als sei das Ohr voller Flüssigkeit. Außerdem waren sie und Klein-Elsa mit Schmeißfliegen übersät. Elsa konnte ich von der Plage befreien, die Kleine war aber viel zu wild, um sich helfen zu lassen. Unterdessen stritten sie und ihre Brüder um das mitgebrachte Fleischstück. Bald blieb für Elsa nichts übrig als abgenagte Knochen. Sie blickte resigniert drein und strafte die weitverbreitete Ansicht Lügen, daß Löwinnen sich selbst vollfressen und die Jungen hungern lassen. Jespah leckte mir mit seiner rauhen Zunge die Hand und dankte mir so für das Mahl. Ich versuchte, Elsa mit den Worten »Magi, Chakula, Nyama« ins Lager zu locken. Da sie sich aber nicht rührte, kehrten wir ohne sie zurück.

Ich hatte eine Menge Aufnahmen gemacht und ging ins Zelt, um einen neuen Film zu holen. In dem Augenblick hörte ich die Jungen am anderen Ufer und nahm einen Abkürzungsweg zum Fluß. Plötzlich sprang Elsa aus dem Gebüsch und warf mich um. Wahrscheinlich war sie mißtrauisch, weil ich aus einer ungewohnten Richtung kam, und fürchtete für ihre Kinder. Sie war nervös und hatte ohne Zweifel Schmerzen. Wenn die Jungen zufällig das Ohr berührten, wurde sie böse und knuffte die Kleinen. Jespah schien zu wissen, wie es ihr ging, und leckte sie fortwährend.

Abends, als ich im Bett lag – Elsa und die Jungen hatten gerade den Fluß überquert –, hörte ich einen Leoparden husten und einen Löwen brüllen. Ich stand auf und rief die Boys, daß sie den Dornenzaun öffnen sollten und ich die Fleischreste in den Wagen legen konnte, denn ich wollte nicht alle Raubtiere der Nachbarschaft einladen, Elsas Vorräte zu fressen und die Familie damit zu vertreiben.

Deshalb war ich entschlossen, sie sich selbst zu überlassen, sobald das Ohr geheilt war und sie jagen konnte. Jetzt verbrachte ich schon drei Wochen ohne George im Lager, der längst hätte zurück sein müssen. Ich wünschte, er wäre bald gekommen, denn wenn sein Zelt bewohnt war, wagten sich die Raubtiere nicht an das Fleisch, das wir dort anbanden. Während seiner Abwesenheit schlichen wilde Löwen jede Nacht um das Lager. Und wenn auch Ibrahim und Makedde im Notfall schießen konnten, so war ich doch um die Sicherheit der Boys besorgt.

Endlich kam George, vom Brüllen eines fremden Löwen begrüßt. Als er hörte, daß Elsa schon seit Tagen ausblieb, beschloß er, sie zu suchen. Außerdem wollte er den fremden Löwen und seine böse Gefährtin verjagen, die Elsa so oft verletzt hatte. Wir kannten sie beide, wenigstens der Stimme nach, und auch ihre Fährte recht gut. Sie trieben sich im Umkreis von zehn Meilen am Fluß umher. Natürlich gab es außer ihnen und Elsa noch andere Löwen in der Gegend, aber nur die böse Löwin hielt sich ununterbrochen in der Nähe des Lagers auf. Sie lebte schon länger als Elsa in diesem Gebiet, doch wußten wir nicht, was Elsa verbrochen hatte, daß sie ihr so mißfiel. Bestimmt blieb Elsa bei ihrem jungen Löwen und bemühte sich nicht um die Aufmerksamkeit des fremden. Vielleicht hatte Elsa die Jagd- und Gebietsrechte der anderen verletzt, vielleicht war das Tier aber auch nur schlechter Laune. Wir wußten wenigstens, daß die fremde Löwin Elsa und die Jungen über den Fluß zu den Wilderern getrieben hatte und daß sie und ihr Gefährte seit mehreren Tagen den *Big Rock* bewohnten.

Jenseits des Flusses fanden wir schließlich die Spuren der Kleinen, die uns zu einer großen Felsgruppe führten. Wir nannten sie *Border Rocks*, Grenzfelsen, weil sie an der Grenze von Elsas Gebiet liegen. Inzwischen war es so dunkel geworden, daß wir nichts mehr unternehmen konnten und heimgehen mußten. Am nächsten Morgen fanden wir die frische Fährte einer Löwin und eines Löwen auf den Spuren der Jungen. Optimistisch verfolgten wir sie, bis wir sahen, daß diese Spur weit fortführte und nicht von Elsa stammen konnte. Auf dem Heimweg bemerkten wir beim Fluß eine Speer-Falle. Sie hing in einem Baum über dem Wildhüterpfad. Eine Speer-Falle ist außerordentlich gefährlich. Sie besteht aus einem sechzig Zentimeter langen Baumstumpf von etwa dreißig Zentimeter Durchmesser. Auf der Schnittfläche, die nach unten zeigt, sitzt ein vergifteter Speer. Löst sich dieser schwere Klotz, fällt er mit solcher Kraft auf das vorbeilaufende Tier, daß der Speer unweigerlich auch das dickste Fell durchdringt.

Bei unserer Unternehmung machten wir die Spuren von fünf verschiedenen Löwen aus, die uns die ganze Nacht mit ihrem Brüllen wach hielten.

Am nächsten Tag durchsuchten wir das jenseitige Flußufer stromaufwärts. Auch hier gab es eine Menge Löwenspuren – unter ihnen die einer Löwin mit drei Jungen. Diese Spur führte uns fünf Meilen vom Lager weg, in eine Gegend des Busches, die Elsa, soweit wir wußten, nie aufgesucht hatte. Als wir uns einem Baobab näherten, hörten wir das Geräusch aufgeschreckt davonstürzender Tiere. Der Toto erhaschte einen Blick vom Hinterteil eines Löwen und von drei Jungen. Das hätten Elsa und die Kleinen sein können.

Sie waren wie ein Blitz davongeschossen, und soviel wir auch riefen, wir bekamen keine Antwort.

George und ich verfolgten die Spuren, doch wenn es Elsa und ihre Familie war, warum lief sie dann vor uns davon? Andererseits war es unwahrscheinlich, daß sich noch eine Löwin von Elsas Größe mit drei Jungen in der Gegend aufhielt. Auf dem Rückweg fanden wir die frische Fährte eines Löwen, die in die Richtung führte, aus der wir gerade kamen.

Am nächsten Morgen gingen wir wieder zu der Stelle und fanden im Umkreis von fünfhundert Metern frische Spuren eines Löwen und einer Löwin mit Jungen. Sie führten uns durch einen trockenen Flußlauf zu einigen Felsen. Noch ehe wir dorthin kamen, war das Rudel plötzlich umgekehrt, schnell zum Fluß gelaufen und hinübergeschwommen.

Die Spuren am gegenüberliegenden Ufer waren noch feucht. Offenbar hatten sie uns gehört und Reißaus genommen.

Nach zwei weiteren Stunden stellten wir fest, daß sich das Rudel in einem versandeten Flußbett wieder gesammelt hatte. Wir verhielten uns still und hörten kurz darauf aufgeregte Paviane bellen und gleichzeitig ganz in der Nähe einen Löwen brüllen. Seine Stimme kannten wir, denn wir hatten ihn oft nachts gehört. Er brüllte heiser, und die Boys meinten immer, er habe Malaria.

George pirschte sich an ihn heran, und wir kamen ihm so nahe, daß ich von seinem Brüllen fast taub wurde. Plötzlich sah ich nur dreißig Meter vor mir sein Hinterteil, die Boys sogar Kopf und Mähne.

Es ist sehr ungewöhnlich, daß ein Löwe morgens um elf Uhr ruft; dieser rief zweifellos eine Löwin, die wir unmittelbar aus der Richtung der bellenden Paviane antworten hörten. In der Hoffnung, es sei Elsa, gingen wir am heiseren Löwen vorbei und sahen uns genau um, fanden aber nichts.

Schließlich ließen wir uns müde und durstig zum Teekochen nieder. Dabei unterhielten wir uns über den Grund von Elsas Verschwinden. Wollte sie die Gefahren des Urwalds mit dem heiseren Löwen teilen, dem die gestrige Spur gehören konnte, bevor sie riskierte, in Lagernähe von der feindlich gesonnenen Löwin zerfleischt zu werden? Das war die optimistische Lesart und die pessimistische Alternative: Elsa war an Blutvergiftung gestorben, und ein fremdes Löwenpaar hatte sich der Jungen angenommen.

Auf dem Rückweg sahen wir Geierschwärme über dem »Küchengraben«. Die Boys gingen hin, um den Grund zu untersuchen. Ich blieb zurück und fürchtete mich vor der Entdeckung. Doch sie riefen uns schon zu, sie hätten den Kadaver eines kleineren Kudu gefunden, der wahrscheinlich in der letzten Nacht von wilden Hunden getötet worden war.

Die nächsten beiden Tage kämmten wir, teils zu Fuß, teils mit dem Wagen, Elsas Revier durch, besonders untersuchten wir die Fährten an den Tränken.

Schließlich fanden wir flußabwärts Spuren von Jungen. Stammten sie von denen, die vorher stromaufwärts getrunken hatten, dann mußten sie mindestens fünfzehn Meilen in zwei Tagen zurückgelegt haben, vermutlich sogar mehr, da sie nicht dem Fluß gefolgt waren.

Im Durchschnitt suchten wir täglich acht Stunden. Dabei erfuhren wir nichts über Elsa, aber eine Menge über die Wilderer. Wir zerstörten viele ihrer Verstecke; in einem fanden wir einen Strick, mit dem ich die Flechttür meiner Einzäunung festgebunden hatte. Wir sahen so viele Beweise ihrer Tätigkeit, daß George sich entschloß, sofort Leute zur Bekämpfung der Wilderer anzufordern und so bald wie möglich einen ständigen Wildhegerposten einzurichten.

George fuhr in der letzten Juliwoche nach Isiolo, und ich suchte allein nach Elsa weiter. Als ich am nächsten Morgen mit Makedde den Fahrweg entlang in Richtung *Big Rock* ging, entdeckten wir die Spur eines einzelnen Löwen, der augenscheinlich auf das Lager zugelaufen war. Außerdem sahen wir die Eindrücke von spitzen Schuhen, die gleichen, wie Makedde erkannte, die wir im Wildererversteck mit dem Strick gefunden hatten. Beide Spuren lagen auf den Radspuren von Georges Wagen.

Es gab keinen Zweifel, die Wilderer beobachteten uns und hatten nach Georges Abfahrt die Gegend erkundet. Wie enttäuscht mußten sie sein, daß ich mich noch im Lager aufhielt.

Es war sehr heiß. Nach mehreren Stunden vergeblicher Suche setzten wir uns hin und ruhten uns aus.

Meine Stimmung war auf dem Nullpunkt. Vor vierzehn Tagen hatte die böse Löwin Elsa angegriffen. Inzwischen erfuhren wir nur von ihr, als der Wildheger sie im Gebüsch fand. Besonders beunruhigte mich, daß Elsas Wunden, soweit ich wußte, nicht geheilt, sondern schlimmer geworden waren. Konnte sie in dem Zustand jagen und sich und die Jungen mit Nahrung versorgen? Am meisten Sorge bereiteten mir aber die Wilderer.

Ich fühlte mich sehr niedergeschlagen und fragte Makedde, ob er Elsa gern habe. Er sah erschrocken auf und antwortete mit Wärme: »Wo ist sie, daß ich sie gern haben kann?« Diese Antwort deprimierte mich noch mehr. Makedde sah es und schalt mich ärgerlich: »Sie haben nichts als Tod im

Sinn, Sie denken nur an den Tod, Sie sprechen vom Tod; Sie benehmen sich, als gäbe es keinen Mungo (Gott), der sich um alles sorgt. Können Sie ihm nicht vertrauen, daß er sich auch um Elsa kümmert?« Ermutigt stand ich auf und suchte weiter. Doch es vergingen noch zwei ergebnislose Tage.

Am Abend des sechzehnten Tages nach Elsas Verschwinden hatte ich gerade die Lampen angezündet und mir etwas zu trinken eingegossen, als ich plötzlich fast vom Stuhl geworfen wurde von Elsas stürmischer Begrüßung. Sie war dünn geworden, sah aber wohl aus. Die Wunde am Ohr heilte von außen, obwohl sie in der Mitte noch eiterte. Elsa war offensichtlich sehr hungrig, denn als die Boys mit dem Kadaver kamen, stürzte Elsa sich auf sie. Ich rief: »Nein, Elsa, nein!« Sie hielt inne, kam gehorsam zu mir zurück und beherrschte sich, bis die Boys das Fleisch mit einer Kette vor dem Zelt angebunden hatten; dann fiel sie darüber her und fraß gierig. Sie schien in großer Eile zu sein, verschlang die halbe Ziege, zog sich dann aus dem Schein der Lampe zurück und stahl sich geschickt weiter fort, bis sie schließlich in Richtung des Studios verschwand.

Ich war erleichtert, daß es ihr gut ging; aber wo waren die Jungen? Elsas Besuch hatte nur eine halbe Stunde gedauert. Ich wartete bis lange in die Nacht hinein, in der Hoffnung, sie käme mit den Kindern wieder, um den Rest der Ziege zu verzehren. Da sie nicht kamen, trug ich schließlich die Reste in meinen Wagen, damit sie nicht von Raubtieren gefressen würden, und ging dann ins Bett.

Im Morgengrauen des 1. August weckte mich das Miauen der Jungen. Ich sah, wie sie dicht an meiner Einfriedung herumkrochen. Ich ließ die Boys das Fleisch bringen und ging zu Elsa, die zusah, wie ihre Sprößlinge sich um die Beute stritten.

Es zeigte sich bald, daß die Reste von Elsas gestrigem Abendbrot nicht ausreichten, um vier hungrige Löwen zu sättigen. Darum befahl ich Makedde, noch eine Ziege zu töten, und hielt inzwischen Elsa zurück. Ihre Selbstbeherrschung war erstaunlich. Erst als die Männer die Ziege zehn Meter vor ihr hinwarfen, stand sie auf und schleifte die »Beute« in den Busch zum Fluß. Klein-Elsa und Gopa folgten. Jespah war viel zu beschäftigt mit Knochenknacken, um gewahr zu werden, was um ihn vorging. Erst nach einiger Zeit entschloß er sich, den anderen nachzulaufen und den Rest seiner »Beute« zum Fluß hinunterzuschleifen. Ich saß in der Nähe unter einem Gardenienbusch und wartete auf die Gelegenheit, etwas Medizin in Elsas Fleisch zu geben, die das eiternde Ohr heilen sollte. Ich war erleichtert, aber trotzdem erstaunt, keinen neuen Kratzer an ihr oder den Jungen zu finden, wo sie doch die ganze Zeit gejagt hatten. Die Jungen knurrten, fauchten sich an und pufften sich um das beste Stück Fleisch. Das Leben im Busch hatte sie wilder gemacht. Sie achteten jetzt ständig auf verdächtige Geräusche und gerieten beim Bellen eines Pavians fast in Panik. Die beiden kleineren waren scheuer denn je und hatten schon bei der geringsten Bewegung von mir Angst. Zu meiner Überraschung kam Jespah heran, beugte mit fragendem Ausdruck den Kopf, leckte meinen Arm und wollte offenbar die Freundschaft erneuern.

Die Sonne stand hoch, und es wurde heiß. Als die Jungen so viel sie konnten gefressen hatten, spielten sie in den Untiefen des Flusses. Sie tauchten, rangen miteinander, spritzten und wühlten das Wasser auf, bis sie schließlich vor Müdigkeit im Schatten eines Felsens umfielen, wo Elsa sich zu ihnen gesellte. Als ich sah, wie friedlich sie schliefen und dabei die Pfoten über den Fels hängen ließen, dachte ich demütig an Makeddes Tadel über meine Kleingläubigkeit. Eine glücklichere Familie konnte man sich nicht vorstellen.

Um herauszufinden, was sie während ihrer langen Abwesenheit getrieben hatten, bat ich Makedde, der Spur zu folgen, die Elsa bei ihrer Rückkehr ins Lager gelegt hatte.

Unterdessen behandelte ich ihre Wunde; Elsa war viel zu müde, um sich zu widersetzen. Als es dunkelte, ging ich zu den Zelten, um zu hören, was Makedde zu berichten hatte.

Er erzählte, er habe die Fährte bis zum Ende von Elsas Revier verfolgt und dort auf einigen Felsen außer Elsas und der Spur der Jungen noch die Abdrücke von einem, möglicherweise von zwei fremden Löwen gefunden.

Das erklärte, wie sie und die Jungen in der Zwischenzeit ernährt worden waren, und ebenso ihr eigenartiges Verhalten, als der Wildheger und wir sie überraschten. Dies Verhalten war typisch für das einer läufigen Löwin.

Es mag seltsam erscheinen, daß uns diese Möglichkeit nicht eher eingefallen ist. Da aber Elsa noch die Jungen säugte, konnten wir kaum annehmen, daß sie sich für einen Gefährten interessierte. Wir hatten uns gedacht, daß eine Löwin nur jedes dritte Jahr Junge zur Welt bringt, weil sie in der Zwischenzeit die Jungen des letzten Wurfs zur Jagd und Unabhängigkeit erziehen muß. Sollte das bei Elsa anders sein, da wir sie die ganze Zeit mit Nahrung versorgten? Sicherlich konnten die Jungen mit siebeneinhalb Monaten auf die Muttermilch verzichten und von Fleisch allein leben. Wie sollte Elsa wissen, daß wir nur blieben, um ihre Wunden zu behandeln, bis sie gesund und in der Lage war, ihren Jungen das Jagen beizubringen.

Gefahren des Urwalds

Am gleichen Abend kamen Elsa und die Jungen gegen neun Uhr vom Fluß herauf; sie machten es sich vor meinem Zelt bequem und verlangten ihr Abendbrot. Da die Fleischreste noch bei der Gardenie lagen, rief ich Makedde und den Toto, die mir beim Heraufholen helfen sollten. Ich nahm eine Lampe, und wir gingen den schmalen Pfad hinunter, den wir vom Lager zum Fluß durch den dichten Busch geschlagen hatten.

Makedde ging, mit einem Stock und einer Sturmlampe bewaffnet, voran, der Toto folgte ihm auf dem Fuße und ich mit meiner hellen Lampe als letzte. Schweigend schritten wir einige Meter den Pfad hinunter. Plötzlich gab es einen fürchterlichen Krach; Makeddes Lampe ging aus, eine Sekunde später wurde meine zerschmettert, als mich eine riesige schwarze Masse ansprang und auf den Boden warf.

Das erste, was ich dann fühlte, war, daß Elsa mich leckte. Sobald ich meine Sinne wieder beisammen hatte, setzte ich mich auf und rief nach den Boys. Ein schwaches Stöhnen kam dicht neben mir vom Toto, der am Boden lag und seinen Kopf hielt. Er stand schwankend auf und stammelte: »Büffel, Büffel.« Im selben Augenblick hörten wir Makedde von der Küche her rufen, daß mit ihm alles in Ordnung sei. Als wir uns aufgerappelt hatten, erzählte der Toto, er habe gesehen, wie Makedde plötzlich zur Seite gesprungen sei und mit dem Stock nach einem Büffel geschlagen habe. Im nächsten Augenblick hatte das Tier den Toto und mich überrannt. Was sich zutrug, als sich Elsa und der Büffel gegenüberstanden, werden wir nie erfahren. Zum Glück hatte der Toto nur eine Beule am Kopf vom Fall gegen den gestürzten Palmenstamm und keine schlimmeren Verletzungen. Ich fühlte, daß mir Blut an Armen und Beinen hinunterlief, und hatte Schmerzen. Doch wollte ich erst nach Hause, bevor ich meine Wunden untersuchte. Dieser Zwischenfall widerlegt die weitverbreitete Annahme, daß ein Löwe, auch wenn er noch so zahm ist, beim Geruch von Blut wild wird. Elsa, die uns offenbar zu Hilfe geeilt war, um uns vor dem Büffel zu schützen, schien zu merken, daß wir verwundet waren, und benahm sich sehr rücksichtsvoll und zärtlich.

Ich kannte den Büffel, der uns überfallen hatte. Seit mehreren Wochen

Der acht Monate alte Jespah und seine Mutter

Weihnachten im Lager

beobachteten wir die Fährte eines Bullen, der vom Studio durch den Busch zur Sandbank ging, wo die in einem Dreieck verlaufende Spur seine Tränke markierte. Wenn er seinen Durst gestillt hatte, lief er gewöhnlich stromaufwärts, kam unterhalb der Küche vorbei und richtete sich für den Tag auf einer dichtbewachsenen Insel, etwa eine halbe Meile von uns entfernt, ein.

Auf unseren Spaziergängen waren wir ihm oft begegnet, hatten aber nie Scherereien mit ihm, obwohl unsere Zelte in seinem Revier lagen. Er kam sonst immer erst lange nach Mitternacht zur Tränke, und gewöhnlich hörten wir erst in den frühen Morgenstunden sein Schnaufen und Plätschern.

An diesem Abend mußte er ungewöhnlich durstig gewesen und zeitig zur Tränke gekommen sein. Vermutlich hatte Elsa ihn gehört und darum um neun Uhr die Jungen ins Lager gebracht. Als der Büffel uns zum Fluß kommen sah, bekam er wahrscheinlich Angst und rannte auf dem nächsten Weg davon, den wir blockierten.

Ich hatte einige Stöße abbekommen, wie an meinen Beinen zu sehen war, und konnte froh sein, daß nicht empfindlichere Stellen getroffen waren. Elsa kam mit uns ins Lager zurück, wo die Jungen auf sie warteten. Es bleibt mir unerklärlich, wie sie es anstellte, daß sie ihr nicht nachliefen.

Ich machte mir Sorgen um Makedde und ging sofort in die Küche, um nach ihm zu sehen. Dort saß er unverletzt und guter Dinge. Er berichtete seinen vor Schreck gelähmten Freunden von seinem Einzelkampf mit dem Büffel. Wie schade, daß seine Heldentat durch das Blut an meinen Beinen seinen Glanz verlor. Aber wenigstens war keinem von uns etwas Ernsthaftes passiert.

Ich verbrachte eine sehr unangenehme Nacht. Die Wunden schmerzten und schwollen an, ebenso die Lymphdrüsen, und ich konnte kaum eine Lage finden, um mich zu entspannen oder gar richtig zu atmen, ohne den Druck meiner schmerzenden Rippen zu steigern. Trotz allem war ich sehr stolz auf das Autogramm eines ausgewachsenen Büffels in Form des Hufabdrucks. Außerdem fühlte ich dunkel, daß dieses Zusammentreffen eine bestimmte Bedeutung habe. Kurz vor dem Zwischenfall, als ich Elsa und die Jungen nach sechzehn Tagen endlich wieder beim Spielen beobachtete, sagte ich mir, jetzt sei ich restlos glücklich; aber nun war der Tag gezeichnet von der Warnung, das Schicksal nicht herauszufordern.

Am nächsten Morgen zeigten Arme, Beine und Gesäß alle Farben des Regenbogens. Es dauerte drei Tage, bis die Schmerzen nachließen und die entzündeten Drüsen abschwollen; viel länger dauerte es, bis die Hufabdrücke und die Blutergüsse verschwanden.

Nachmittags schleifte Elsa mit viel Mühe die »Beute« ein großes Stück stromaufwärts, zog sie nach Löwenart zwischen den Beinen durch den Fluß und dann eine so steile Böschung hinauf, daß sie bestimmt kein Tier stehlen konnte. Ich fragte mich, ob sie sich so ungewöhnlich verhielt, weil sie über den Büffel genauso erschrocken war wie ich.

Seit Anfang August benahm sich Elsa noch umgänglicher als sonst. Ihr Sohn Jespah folgte ihrem Beispiel nicht; er wurde mit jedem Tag eigensinniger. Elsa geriet nie mit unserer Ziegenherde in Konflikt, Jespah dagegen interessierte sich viel zu sehr dafür.

Eines Abends, als Nuru die Tiere zu meinem Wagen trieb, schoß Jespah geradewegs darauf zu. Er rannte durch die Küche, um Haaresbreite an Ibrahim vorbei, der auf seiner Matte kniete und in seine Gebete versunken war, schlüpfte zwischen den Wasserbehältern hindurch, um das brennende Feuer herum und kam gerade am Wagen an, als die Ziegen hineinklettern wollten.

Über seine Absichten bestand kein Zweifel. Darum rannte ich mit einem Stock hinterher, den ich Jespah vor die Nase hielt und rief, so energisch ich konnte, »nein, nein«.

Jespah sah erstaunt auf, schnüffelte am Stock und schlug spielerisch darauf ein. Dadurch gewann Nuru Zeit, die Ziegen im Wagen unterzubringen. Jespah ging mit mir zu Elsa zurück, die unser Spiel beobachtet hatte. Sie half mir oft, ihn zu bändigen, manchmal unterstützte sie meine »Neins« mit einigen Püffen oder stellte sich zwischen Jespah und mich. Ich fragte mich jedoch, wie lange Stock und Befehle, sogar mit Elsas Hilfe, noch wirken würden. Jespah steckte voller Leben, Neugier und Verspieltheit, er war ein großartiger, junger wilder Löwe, ein sehr schnell wachsender sogar, und es wurde höchste Zeit, ihn und seine Geschwister dem Leben in der Natur zu überlassen.

Während ich darüber nachsann, hetzte er seine Geschwister und schüttete dabei die Wasserschüssel über Elsa aus, die klatschnaß wurde. Er bekam eine Ohrfeige für seinen Übermut, und dann nahm sie ihn unter ihren schweren triefenden Körper. Das sah sehr komisch aus, und wir lachten. Doch Elsa fand das taktlos und beleidigend. Nach einem mißbilligenden Blick zog sie mit ihren beiden wohlerzogenen Kindern davon. Später sprang sie auf das Verdeck des Landrovers. Ich ging zu ihr, um unsere Freundschaft zu erneuern und mich zu entschuldigen.

Wir hatten Vollmond, und die Sterne glitzerten am Himmel. Elsa sah mit dunklen Augen – die Pupillen waren weit geöffnet – auf mich herab, mit ernsthaftem Ausdruck, als wollte sie sagen: »Du hast meine Lektion zunichte gemacht.« Lange blieb ich bei ihr und streichelte ihren seidigen, weichen Kopf.

Plötzlich hörten wir von der Salzlecke her das weinerliche Grunzen zweier Rhinozerosse beim Liebesspiel. Elsa sah aufmerksam zu den Jungen hinüber. Da sie ganz und gar mit ihrem Futter beschäftigt waren, beschloß sie, dem liebestollen Paar keine Beachtung zu schenken, das bald darauf den Fluß überquerte.

George war zurückgekommen und hatte Leute zur Verfolgung der Wilderer mitgebracht. Es waren ein Feldwebel, ein Lastwagenfahrer und ein Wildhüter, alles Eingeborene. Diese Gruppe wird überall hingeschickt, wo man sie am meisten braucht, arbeitet also im ganzen nördlichen Grenzdistrikt. Zuerst ließ George sie einige Männer ausfindig machen von dem Stamm, der jenseits des Flusses lebte, die bereit wären, Auskünfte über die Wilderer und andere illegale Unternehmungen zu geben, die das Leben der wilden Tiere gefährden.

Ein sehr wirksamer Busch-Telegraphendienst arbeitet im nördlichen Grenzdistrikt, ihm gehören »Spitzel« an, die sich ihrer Tätigkeit keineswegs schämen, sondern sich als Hilfskräfte des *Game Departments* betrachten. Denunzieren ist wirklich eine anerkannte Tätigkeit. Ohne Spitzel wäre es unmöglich, in einem so ausgedehnten Gebiet das Wildererunwesen zu kontrollieren. Der Spitzel, der viel aufs Spiel setzt, wird für seine Nachrichten gut bezahlt.

Trotz Unterstützung durch Spitzel kann man den Wilderern nur schwer das Handwerk legen. Erstens fürchten sie die Gefängnisstrafe nicht, sondern sehen es als einen Vorteil an, mit Nahrung, Kleidung und Unterkunft versorgt zu werden, als Bezahlung für die Arbeit, die ihnen eine Abwechslung im eintönigen Stammesleben bedeutet. Zweitens gilt es als Zeichen für Wagemut und Tapferkeit, wenn man als Wilderer anerkannt wird.

Jetzt, wo die Gruppe zur Bekämpfung der Wilderer bei uns stationiert war, wollten wir unbedingt Elsa und die Jungen sich selbst überlassen. Elsas Wunden waren nahezu verheilt, und sie konnte jetzt mit ihren Kindern ein natürliches Leben führen. Als die Wildhüter zurückkamen, sahen wir, daß wir unsere Pläne ändern mußten. Sie brachten mehrere Gefangene mit, und ein Spitzel berichtete, die Wilderer hätten beschlossen, Elsa mit vergifteten Pfeilen zu töten, sobald wir das Lager verlassen hätten. Er berichtete weiter, nach dem Niederbrennen des Lagers wären drei der Wilderer auf Elsas *Big Rock* gestiegen, um Klippschliefer zu jagen. Sie hätten davon abgelassen, als einer von ihnen von einer Schlange gebissen worden sei.

Als George die Gefangenen verhörte, begrüßte einer ihn herzlich und erinnerte ihn daran, daß er ihn vor vierzehn Jahren wegen Wilderei verurteilt und ihn seitdem viermal ins Gefängnis gesteckt habe. Das schien ihm die beste Grundlage für eine Freundschaft.

Wir wußten, daß mit dem Fortschreiten der Trockenheit auch die Unternehmungen der Wilderer zunehmen würden und daß die Gruppe zu ihrer Bekämpfung bei aller Umsicht Elsa nicht daran hindern konnte, in entfernteren Gegenden zu jagen und dort Wilderern in die Hände zu fallen, wenn wir sie nicht mehr mit Nahrung versorgten.

Wenn wir blieben, würde die Erziehung der Jungen zum wilden Leben verzögert, und sie würden verwöhnt werden; doch schien uns das weniger schlimm, als eine Tragödie heraufzubeschwören.

Eines Abends waren die Tsetsefliegen besonders zudringlich. Elsa und ihre beiden Söhne rollten sich in meinem Zelt auf dem Rücken, um so ihre Plagegeister zu zerquetschen. Dabei stießen sie zwei Feldbetten um, die gegen die Wand gelehnt waren. Elsa legte sich auf das eine, Jespah auf das andere, Gopa mußte sich mit der Bodenplane begnügen. Der Anblick von zwei Löwen, die sich auf einem Bett rekeln, war urkomisch, paßte aber nicht zu den Plänen, die wir mit Elsa und ihrer Familie vorhatten. Nur Klein-Elsa blieb draußen. Sie war so wild wie zuvor, und nichts konnte sie bewegen, ins Zelt zu kommen. So beruhigte wenigstens sie mein Gewissen.

Seit kurzem hatten wir einen neuen Besucher, eine Ginsterkatze. Sie kam jede Nacht, um sich von den Brocken, die die Löwen übriggelassen hatten, eine Mahlzeit zusammenzustellen. Es war ein reizendes kleines Tier, das keine Angst hatte, wenn George sie mit der Taschenlampe anleuchtete. Sie wurde mit der Zeit immer zahmer. Eines Nachts erwachte George, als Teller auf den Boden fielen. Er leuchtete mit der Taschenlampe in die Dunkelheit und sah die Ginsterkatze knapp einen Meter vor sich ganz ruhig die Reste seines Abendbrots, Käse und ein gebratenes Perlhuhn, verspeisen. Nach und nach wurde sie immer mutiger, doch erschien sie nie, bevor die Löwen mit dem Abendbrot fertig waren.

Als wir eines Nachmittags mit Elsa und den Jungen am Flußufer saßen, konnte ich ihre Wunden genauer ansehen. Trotz großer Mengen an Sulfonamiden waren sie noch nicht ganz verheilt. Ich nutzte die Gelegenheit, auch das Gebiß zu untersuchen, und stellte fest, daß zwei Eckzähne abgebrochen waren.

Die Hakenwurminfektion aus ihrer Jugend hatte am Zahnhals eine Furche

Lektion der Selbstverteidigung

Am frühen Morgen — Elsa säugt die neun Monate alten Jungen

Immer sind die Jungen zu neuen Streichen aufgelegt

Tauziehen zwischen George und Elsa
Die Familie blieb manchmal den ganzen Tag im Lager

hinterlassen, in der die Zähne gebrochen waren. Die Zähne würden ihr beim Jagen fehlen, wenn auch die Krallen ihre Hauptwaffen waren.

Als es dunkelte, gingen wir zu den Zelten zurück. Den ganzen Abend blieb Elsa wachsam und unruhig, schließlich verschwand sie mit den Jungen im Busch.

Gegen Mitternacht weckte mich das Brüllen mehrerer Löwen. Ihm folgte das aufregende Geräusch eines Kampfes, nach einer Pause ein zweiter Kampf und später ein dritter. Schließlich hörte ich einen Löwen wimmern, der wahrscheinlich im Kampf verwundet worden war. Ich konnte nur hoffen, daß es nicht Elsa war. Später hörte ich ein Tier den Fluß durchschwimmen. Dann war Stille.

Schon im Morgengrauen machten wir uns auf und verfolgten die Spuren unserer streitsüchtigen Besucher. Wir erkannten die Fährte der bösen Löwin und ihres Begleiters. Dem Augenschein nach hatte Elsa sie angegriffen, als sie sich unserem Lager näherten. Sechs Stunden lang verfolgten wir Elsas Spur, die über den Fluß zu den *Border Rocks* führte und sich unterwegs mit der Spur der Kleinen vereinigte.

Den ganzen Tag lang suchten wir ergebnislos. Bei Sonnenuntergang feuerten wir einen Schuß ab und hörten nach einiger Zeit Elsa aus weiter Ferne rufen. Schließlich kam sie, gefolgt von Jespah.

Sie hinkte sehr, wollte aber anscheinend so schnell sie konnte zu uns humpeln. Mehrmals blieb sie stehen, um zu sehen, ob Gopa und Klein-Elsa auch nachkamen. Elsa und Jespah zeigten ihre Freude über das Wiedersehen und rieben sich an unseren Beinen. Dabei sah ich, daß Elsa einen tiefen Riß in der Vorderpfote hatte. Die Wunde blutete und verursachte ihr große Schmerzen. Um ihr zu helfen, mußte ich sie mit ins Lager nehmen und die Wunde behandeln.

Bis zum Lager war es noch weit, und es dunkelte schon. Wegen der vielen Büffel- und Rhinozeros-Fährten, die wir gesehen hatten, wollten wir uns nicht von der Nacht überraschen lassen. Alles trieb uns zur Eile, doch trotz der ungeduldigen Rufe von George, schneller zu machen, mußten wir immer wieder anhalten und auf die Kleinen warten, die nur langsam mitkamen. Jespah benahm sich wie ein Schäferhund, er lief zwischen George und der Nachhut hin und her und bemühte sich, uns zusammenzuhalten.

Dieses Mal waren die Tsetsefliegen eine Hilfe. Elsa war von ihnen übersät und hielt mit mir Schritt, damit ich sie ihr abstreifen konnte. Auch Jespah wurde von ihnen geplagt und schob zum erstenmal seinen seidigen Körper gegen meine Beine, damit ich ihn von der Qual befreie. Es war ganz und gar gegen meine Prinzipien, ihn zu berühren, doch konnte ich nur schwer widerstehen, ihm die Fliegen abzustreifen.

Elsa blieb sehr oft stehen und schoß ihren Strahl an die Büsche. War sie schon wieder heiß?

Völlig erschöpft erreichten wir das Lager. Elsa wollte nicht fressen. Sie setzte sich auf den Landrover und beobachtete, wie die Kleinen am Fleisch rissen. Immer wieder sah sie gespannt in die Dunkelheit. Kurz vor neun Uhr zog sie mit ihrer Familie los. Gegen Mitternacht hörten wir vom *Big Rock* her einen Löwen rufen.

Die nächsten Tage kam Elsa jeden Nachmittag ins Lager, und ich behandelte ihre Wunden.

Als es ihr besser ging, begleitete sie uns mit den Jungen auf die Krokoliljagd. Dabei sahen wir wieder, wie sie den Jungen befahl, sich ruhig zu halten, und wie die Jungen bedingungslos gehorchten.

Sie witterte einen Bock und pirschte ihn ohne Erfolg an. Unterdessen verhielten sich die Jungen so ruhig, als seien sie am Boden festgefroren. Es kam überhaupt nicht in Frage, daß sie sich an der Jagd beteiligten. Später waren sie dann wieder sehr lebhaft, planschten im Wasser und kletterten auf Bäume. Dabei hakten sie die Krallen in die Rinde und zogen sich daran manchmal fast drei Meter in die Höhe.

Noch eine andere instinktive Reaktion beobachteten wir bei dieser Gelegenheit an Elsa. Die Jungen spielten nicht weiter als hundert Meter von einem Krokodil entfernt, das in einem tiefen Tümpel lebte. Elsa hielt dieses Krokodil offenbar für harmlos. Vielleicht wußte sie, daß das Tier vollgefressen war, denn seine Nähe berührte sie überhaupt nicht, während sie im allgemeinen schon die kleinste Wasserbewegung argwöhnisch machte.

Wir sahen immer, daß sie zwischen harmlosen Spielen – wie etwa Tauziehen zwischen George und Jespah mit einem Kadaver – und gefährlichen unterschied, wenn George zum Beispiel einen Stock ins Wasser warf. Dann stellte sie sich sofort zwischen die Jungen und das Wasser, entweder, um sie daran zu hindern, hineinzuspringen, oder um ihnen, wenn sie ängstlich waren, klarzumachen, daß das Ding da ein Stück Holz sei und nicht die Schnauze eines Krokodils.

Am 12. August, am Abend vor meiner Abfahrt nach Nairobi, verließen Elsa und die Jungen das Lager beizeiten. Kurz darauf hörten wir vom jenseitigen Ufer einen Löwen brüllen. Am nächsten Morgen verfolgte George seine Fährte und fand nahe dabei Elsas Spur und die der Jungen, die zum *Cave Rock* führten.

In der Nähe des Felsens sah er kreisende Geier. Bei der Stelle angekommen, fand er die Reste eines Rhinozerosses, das vor mehreren Tagen durch vergiftete Pfeile getötet wurde. Der Löwe hatte offenbar eine reichliche Portion davon verspeist.

Am 18. August kam ich zurück. Bei unserem späten Abendbrot hörten wir zwei Löwen brüllen. Der Lärm ließ darauf schließen, daß sie sich in schnellem Tempo dem Lager von stromaufwärts näherten. Elsa stürzte in dieser Richtung davon, ließ die Jungen aber zurück. Etwa dreiviertel Stunden später kam sie wieder. Die Jungen waren inzwischen losgegangen. Elsa suchte sie ums Lager herum und war sehr nervös. Plötzlich erschreckte uns ohrenbetäubendes Brüllen, das hinter der Küche hervorzukommen schien. George, der in die Richtung leuchtete, sah, wie sich das Licht seiner Taschenlampe in den glänzenden Augen eines Löwen spiegelte. Elsa stand dicht bei unserem Zelt und brüllte zurück, bis glücklicherweise die Jungen kamen. Sie führte sie sofort weg, und bald darauf hörten wir sie alle eilig den Fluß überqueren.

Danach wurde es ruhig, und wir gingen ins Bett. Um ein Uhr dreißig wurde George von einem Geräusch bei seinem Zelt wach. Im Schein der Taschenlampe sah er nur dreißig Meter vor sich eine fremde Löwin. Langsam stand sie auf. George schoß über sie hinweg, um sie zur Eile anzutreiben, doch vergeblich. Er erreichte damit nur, daß ein anderer Löwe zu brüllen begann. Eine halbe Stunde lang folgten Brüllen, Knurren und Fauchen aufeinander. Dann zogen die Löwen ab.

Am nächsten Abend kam Elsa sehr spät und machte es sich nahe bei unseren Zelten bequem. Jespah, der voller Tatendrang steckte, vergnügte sich unterdessen damit, alles Erreichbare durcheinanderzubringen. Er fegte Flaschen, Teller und Besteck vom Tisch, zog die Gewehre aus den Ständern, schleppte Rucksäcke mit Munition davon und baute Pappkartons stolz vor den Geschwistern auf, um sie dann in Fetzen zu reißen. Am Morgen fanden wir die Familie noch im Lager. Die Boys blieben brav in ihrer Kücheneinfriedung und warteten darauf, daß sie abzogen. Als die vier immer noch nicht die Absicht zeigten, ging George zu Elsa, die ihn zu Boden warf. Danach ließ George mich aus meiner Dornenhecke heraus, und ich versuchte mein Glück. Ich näherte mich Elsa und sprach auf sie ein, aber sie sah mich nur mit halbgeschlossenen Augen an. Meine Vorsicht war berechtigt, denn aus zehn Meter Entfernung sprang sie mich mit voller Kraft an, warf mich zu Boden, setzte sich auf mich und fing an, mich zu lecken. Sie war außergewöhnlich liebevoll. Das Ganze schien also nur ihre Vorstellung von einem Morgenspiel zu sein. Sie wußte genau, daß wir dieses Spiel nicht schätzten. Seit der Geburt der Jungen war es heute das erste Mal, daß sie es sich herausnahm.

Später führte sie die Jungen zu einer Stelle unterhalb des Studios, wo wir uns am Nachmittag zu ihnen gesellten. Jespah zeigte großes Interesse für Georges Gewehr und versuchte alles nur mögliche, es ihm zu stehlen. Bald merkte er jedoch, daß es unmöglich sei, solange sein Eigentümer aufpaßte. Es war amüsant zu beobachten, wie Jespah daraufhin versuchte, Georges Aufmerksamkeit abzulenken, indem er so tat, als ob er seine Geschwister jagte. Als Georges Mißtrauen beruhigt war und er das Gewehr beiseite legte, um die Kamera aufzunehmen, stürzte sich Jespah darauf und wollte es wie eine Beute wegschleifen. Ein regelrechtes Tauziehen folgte, das Elsa aufmerksam beobachtete. Schließlich kam sie George zu Hilfe; sie setzte sich auf ihren Sohn und zwang ihn so, den Griff um das Gewehr zu lockern. Als sie ihn endlich freigab, blickte er noch sehnsüchtig auf das Gewehr und hockte sich dicht daneben hin, war aber gehorsam und ließ es liegen. Elsa rollte sich auf den Rücken, alle viere von sich gestreckt, und stöhnte leise. Die Jungen reagierten sofort und begannen zu saugen. Elsa sah höchst glücklich drein, und ich wunderte mich, wie es die Kleinen vermieden, ihr mit den scharfen Zähnen weh zu tun. Es war ein idyllisches Bild. Gerade in dem Augenblick flog ein Paradies-Fliegenschnäpper vorüber. Seine weißen Schwanzfedern zog er wie eine lange Schleppe hinter sich her. Die Jungen waren an diesem Tag acht Monate alt. Elsa hatte allen Grund, stolz auf sie zu sein.

Als sie einschliefen, die runden Bäuche bis zum Bersten gefüllt, stand Elsa auf, krümmte den Rücken, gähnte lange, kam zu mir herüber, leckte mich, setzte sich neben mich und ließ ihre Tatze einen Augenblick auf meiner Schulter liegen. Dann legte sie den Kopf in meinen Schoß und schlief auch ein. Währenddessen bewachte Klein-Elsa die Familie; zweimal pirschte sie erfolglos einen Wasserbock an.

Im Bett hörten wir bis in den Morgen hinein Geräusche wie von zermalmenden Zähnen; vermutlich verbrachte unsere Löwenfamilie die Nacht im Lager und fraß den Ziegenkadaver auf. Während des folgenden Tages blieben sie dicht bei den Zelten. Am Abend hörten wir den Vater der Jungen rufen. Wahrscheinlich hatte Elsa es deswegen vorgezogen, nicht so weit von uns wegzugehen. Auch die nächsten drei Tage blieb sie ununterbrochen bei uns.

Löwenkinder und Kameras

Im Bereich unseres Lagers herrschte ein Leben wie im Garten Eden. Die Tiere, die hier mit uns zusammen lebten, gewöhnten sich so an uns, daß sie oft ganz nahe herankamen, ohne Furcht zu zeigen.

Der Buschbock-Widder kam jeden Tag, während wir Mittag aßen, zur Tränke am Fluß gegenüber dem Studio. Er weidete nicht nur das junge Grün der Büsche ab, sondern nahm auch eine Menge trockener Blätter vom Boden auf. Manchmal blieb er länger als eine Stunde in Sichtweite und ließ sich auch nicht durch unser Sprechen und Herumlaufen stören.

Dann war da die Wasserbock-Familie, zwei männliche, drei weibliche und drei junge Tiere. Wenn sie alle beisammen waren, ließen sie uns nahe herankommen, von der Herde getrennt dagegen benahmen sie sich sehr scheu.

Die Paviane waren natürlich unsere ältesten Freunde. Wir lebten schon so lange in enger Nachbarschaft, daß wir uns gar nicht mehr beachteten, es sei denn bei außergewöhnlichen Zwischenfällen. Die Trockenzeit brachte dieses Jahr eine solche Dürre, daß die Paviane sich daranmachten, die saftigen Schilfwurzeln auf den Felsen am Fluß auszugraben. Ein altes Pavianmännchen war der Pionier bei diesem Unternehmen. Er ergriff Besitz von einem Felsblock, auf dem eine Menge Schilf wuchs. Zuerst zog er die Stiele heraus und grub dann energisch nach den Wurzeln. Manchmal kniete er sich auch hin, um sie abzureißen. Häufig mußte er den harten Boden mit den Händen kneten, bis er locker wurde und sich die Wurzeln lösen ließen. Von den losgerissenen Wurzeln schälte er sorgfältig die äußere Schale ab und stopfte sie dann in den Mund.

Er fraß so lange, bis er einem Faß glich, und daher bekam er auch seinen Spitznamen. Unser Anblick war ihm so vertraut, daß er mich keines Blicks würdigte, wenn ich ihn filmte oder aus einer Entfernung von nur wenigen Metern zeichnete. Eines Tages wollte ein anderer Pavian ihm beim Graben Gesellschaft leisten. Obwohl er wesentlich größer als »Fäßchen« war, schien er sich vor ihm zu fürchten. Er wartete so lange mit dem Graben, bis unser Freund genug hatte. Dann näherte er sich sehr vorsichtig und besorgt, ob »Fäßchen« etwa ungnädig sei. Als ihm die Lage sicher genug erschien, sprang er vom Felsen herunter und begann gegenüber von »Fäßchen« zu graben. Der sah sich die Bemühungen des anderen aufmerksam an und beschloß dann, an seiner Stelle weiterzugraben. Daraufhin zog sich der Eindringling unterwürfig auf »Fäßchens« alten Platz zurück. Später erkundete ein noch größerer Pavian die Lage, wurde aber so unfreundlich empfangen, daß er laut schreiend davonrannte.

»Fäßchen« war ein Despot; er ließ kein Weibchen an seine Speisekammer heran. So blieben sie also wie wohlerzogene Ehefrauen der viktorianischen Zeit im Hintergrund. In Gruppen von fünf oder sechs saßen sie am Ufer, säugten ihre Jungen, kratzten sich gegenseitig das Fell und begnügten sich mit der Nahrung, die sie im dürftigen Gras fanden.

Drei Tage verbrachte ich mit dem Zeichnen der Pavianmännchen. Man konnte sie leicht unterscheiden: »Fäßchen« am Charakter, den ersten Eindringling an einer Narbe auf der Nase und einen dritten an einem Knick im Schwanz. Sie schienen ein Übereinkommen geschlossen zu haben, dessen Paragraphen »Fäßchen« offenbar das Recht einräumten, wenn es ihm einfiel, alle ausgegrabenen Wurzeln für sich zu beschlagnahmen. Als sie die kleine Insel bis auf den nackten Fels abgegrast hatten, zogen sie zu den Felsen nahe einer Sandbank. Dicht dabei lebte ein Krokodil, das ich gut kannte und mehrmals vergeblich versucht hatte zu erschießen. Jetzt lag es mit seinen zweieinhalb Metern der Länge nach ausgestreckt in der Nähe der Paviane.

Ich nahm das Gewehr und pirschte mich an. Sobald ich aber in Schußweite war, schlugen die Paviane Alarm. Als sich das am nächsten Tag wiederholte, fragte ich mich, ob die Affen etwa als Wachtposten fungierten.

Viele Tiere haben zum Beispiel Vögel als Schildwache, und auch Giraffen spielen oft den Wachtposten für Zebras. Daß jedoch Paviane Krokodilen helfen, die häufig ihre Jungen fressen, erstaunte mich sehr. Vielleicht wußten die Paviane in diesem Fall, daß das Krokodil sich gerade an Fischen vollgefressen hatte, die für Krokodile eine leichter erreichbare Mahlzeit sind.

Ein Krokodil hat das gleiche Recht zu leben, wie jedes andere Tier. Doch gefährdet es die Lebewesen um sich herum. Da ich kürzlich mit Fischen Freundschaft geschlossen hatte, waren meine Sympathien auf ihrer Seite.

Eines Morgens saß ich im Studio und aß eine Banane. Die Schale warf ich in einen Tümpel unter mir. Sofort entstand eine Bewegung. Die silbernen Leiber vieler Fische wanden sich und sprangen hoch, um sich die Bananenschale gegenseitig wegzuschnappen. Schließlich ergriff einer sie mit schnellem Sprung und tauchte mit seiner Beute unter einen Felsen.

Ich wußte wenig über Fische und war erstaunt, daß Bananenschalen Leckerbissen für sie sind. Als ich eine zweite ins Wasser warf, entstand wieder eine lebhafte Balgerei. Das zeigte mir, wie sehr die Fische diese Delikatessen schätzen. Daraufhin probierte ich es mit allen möglichen Nahrungsmitteln, nur nicht mit Fleisch, daß wir nicht entbehren konnten. Brot, Bananen, Melonen, Mangoschalen, in dieser Reihenfolge, waren ihre Leibgerichte. Nach ein paar Tagen versammelten sich die Fische in großen Scharen, sobald sie uns am Ufer sahen. Hielt ich die Leckerbissen ins Wasser, fraßen sie mir sogar aus der Hand. Die Fische waren ganz reizend, und es tat mir leid, daß unser Brot- und Obstvorrat zur Neige ging.

Mit Fleisch konnten wir die Fische nicht füttern, da Elsa und die Jungen riesige Mengen davon brauchten, die sie oft noch mit ungebetenen Gästen, Raubtieren aller Art, teilen mußten. Tagsüber, wenn das Fleisch im Schatten hing, machte sich ein Mungo von einem überhängenden Ast aus daran. Der Monitor sprang es von unten an. Nachts stahlen Schakale, Hyänen, eine Ginsterkatze und eine Zibetkatze davon.

Die Vögel gehörten genauso zum Leben im Lager wie die Säugetiere. Seit vielen Monaten besuchte uns ein Paar Hammerkopf-Störche häufig im Studio. Sie lebten ganz in unserer Nähe, und täglich sahen wir, wie sie ihre toplastigen Köpfe in schlammigen Tümpeln vergruben, die bei der Dürre von den Flüssen zurückblieben. Jetzt kamen sie plötzlich bis auf wenige Meter zu uns heran. Wir vermuteten, daß sie sich vor dem Büffel fürchteten, der sich trotz des Zusammenstoßes mit uns noch in der Gegend aufhielt. In den Abdrucken seiner Hufe waren kleine Tümpel entstanden, in denen die Störche augenscheinlich schmackhaftes Futter fanden.

Noch andere Vögel besuchten uns, zum Beispiel ein prächtiges Paar Hadada-Ibisse, deren langer, klagender Schrei aus unserem Leben nicht mehr wegzudenken war. Weniger zahm benahm sich ein großer malerischer Riesenheron, der die Stromschnellen besuchte.

Nie wurde ich müde, alle diese Lebewesen zu beobachten, und jeder Tag brachte neue Überraschungen.

Sogar jetzt, während ich diese Worte in die Maschine tippe, rast ein Trupp von etwa fünfzig Pavianen am gegenüberliegenden Flußufer entlang. Mitten zwischen ihnen laufen drei Buschböcke, Männchen, Weibchen und Junges. Sie schließen sich wohl aus Sicherheitsgründen dem Trupp an und lassen sich nicht im geringsten von vorbeifegenden Pavianen erschrecken.

Ich kann mir kein friedlicheres Bild und keinen besseren Beweis gegen die übliche Behauptung denken, daß Paviane kleine Tiere in Stücke reißen. Gäbe es keine Wilderer, wäre das Leben der Tiere hier paradiesisch, denn sogar die böse Löwin bedeutet eine geringere Gefahr für Elsa als die Wilderer. Jedenfalls ist Elsa ein lebendiger Teil der Welt des Urwalds, und dazu gehören auch die Rivalitäten zwischen ihr und den anderen Löwen.

Es war beruhigend, daß Elsa jetzt ihren Feinden entgegentrat. Während der dritten Augustwoche hatten wir das zuerst bemerkt, an jenem Abend, an dem sie und die Jungen ihr Fleisch vor dem Zelt bekommen hatten. Plötzlich begann Elsa zu brüllen, lief weg und kam erst nach einer Stunde wieder. In der Nacht hörte ich, wie sich zwei Löwen dem Lager näherten. Kurz darauf brach ein beängstigender Kampf aus. Gegen Morgen hörte ich dann, wie Elsa die Jungen in Richtung auf *Big Rock* fortbrachte. Nachmittags trafen wir sie auf dem Weg zum Lager. Der Kopf war von blutigen Bißwunden bedeckt.

Im Lager holte ich die von gestern übriggebliebenen Fleischreste; viel war nicht mehr da. Elsa rührte nichts an, aber die Jungen fraßen heißhungrig. Als die Boys eine zweite Ziege brachten, begann auch Elsa zu fressen. Ich fragte mich, warum sie sich wohl beim ersten Gang zurückgehalten hatte, da sie doch so hungrig war. Wollte sie von dem kleinen Rest erst die Jungen satt werden lassen, bevor sie ihren Teil nahm?

Am Abend kam Ibrahim mit einem neuen, löwensicheren Landrover, den ich kürzlich bestellt hatte. Er brachte auch die Post mit und dabei einen Artikel über Elsa in der *Illustrated London News*. Sie wurde als weltbekanntes Tier beschrieben. Das war eine erfreuliche Nachricht. In diesem Augenblick jedoch neigte das arme weltbekannte Tier den Kopf vor Schmerzen.

Als sie uns am nächsten Tag im Studio aufsuchte, war sie immer noch arg mitgenommen; das hielt sie jedoch nicht davon ab, Jespah mit mehreren gutgezielten Schlägen zurechtzuweisen, als er mich, vom Klappern meiner Maschine ermuntert, necken wollte. Der arme kleine Jespah mußte noch viel lernen, weniger für das wilde Leben, in das er hineingehört, als für unser, ihm fremdes Leben, das er mit so viel Neugier erkunden wollte. Eines Nachts zum Beispiel hörte ich ihn geschäftig in Georges Zelt rumoren. Wie »geschäftig« er sich betätigt hatte, entdeckte ich am nächsten Morgen, als ich meinen Feldstecher vermißte. Schließlich fand ich die Reste des Lederfutterals im Busch unterhalb des Zeltes mit den Eindrücken von Jespahs Milchzähnen. Dicht daneben lag das Glas, dessen Linsen wie durch ein Wunder unversehrt geblieben waren. Jespah konnte ohne Zweifel ein lästiger Geselle sein, aber er war unwiderstehlich, und man blieb ihm nie lange böse.

Elsa und Jespah im September

Jespah wird getadelt (links) —
Argwöhnisch beschnüffelten Elsa und Jespah den Wildhüter

Elsa und die Familie auf dem niedergebrannten Lagerplatz

Mit acht Monaten hatte er jetzt sein Babyfell verloren, das neue war immer noch so weich wie das eines Kaninchens. Er begann, seine Mutter nachzuahmen, und wollte von uns so wie sie behandelt werden. Manchmal kam er herbei und legte sich unter meine Hand, offensichtlich wartete er darauf, daß ich ihn streichelte; und wenn es auch gegen meine Grundsätze verstieß, konnte ich manchmal nicht widerstehen und tat ihm den Gefallen. Oft wollte er mit mir spielen. Obwohl seine Absichten vollkommen freundschaftliche waren, fürchtete ich immer, daß er mich kratzen oder beißen würde, wie er es bei seiner eigenen Familie tat. Er glich nicht Elsa, die ihre Kräfte stets beherrschte, sondern benahm sich viel eher wie ein echter »wilder« Löwe.

George und ich beobachteten mit Interesse, wie unterschiedlich sich Elsas Junge uns gegenüber verhielten. Jespah, den eine unersättliche Neugier trieb, hatte seine früheren Vorbehalte überwunden; er gesellte sich zu uns und benahm sich freundschaftlich, erlaubte uns jedoch keine Vertraulichkeiten. Klein-Elsa war wirklich wild, fauchte uns an, wenn wir uns näherten, und schlich dann weg. Sie war weniger ungestüm als ihr Bruder, erreichte aber auf ihre ruhige und hartnäckige Weise, was sie wollte. Einmal beobachtete ich Jespah bei dem Versuch, eine eben getötete Ziege in den Busch zu schleifen. Er zog und zerrte, schoß Purzelbäume darüber hinweg, doch der Kadaver blieb unbeweglich. Da kam ihm Gopa zu Hilfe. Mit vereinten Kräften versuchten sie ihr Bestes, gaben aber schließlich erschöpft auf und setzten sich keuchend daneben. Nun erschien Klein-Elsa auf dem Plan, die bis jetzt die Anstrengungen ihrer Brüder beobachtet hatte. Sie packte fest zu und schleifte die schwere Last an einen sicheren Platz, wohin ihr die japsenden Brüder folgten.

Gopa kroch häufig ins Zelt, wenn ihm die Tsetsefliegen zu lästig wurden. Dabei entdeckte ich, wie eifersüchtig er war. Lag Elsa zum Beispiel neben mir, sah er mir lange prüfend in die Augen. Es schien, als wolle er mir mit einem Ausdruck des Mißfallens eindeutig klarmachen, daß Elsa seine »Mammi« sei und daß er es lieber hätte, wenn ich sie in Ruhe ließe. Eines Abends saß ich im Zelteingang, und er spielte im Anbau am entgegengesetzten Ende; Elsa lag dazwischen und beobachtete uns. Als Gopa an der Zeltplane zu kauen begann, sagte ich so energisch ich konnte: »Nein, nein!« Er knurrte mich an, hörte aber zu meiner Überraschung auf zu kauen. Nach einer Weile fing er wieder an, knurrte auch jetzt bei meinem Verbot, gehorchte aber.

Bisher hatten alle drei Jungen reagiert, wenn wir »nein« sagten, obwohl wir unser Verbot nie mit dem Stock unterstützten, was sie ängstigen konnte.

Nach einem friedlichen Tag und einer ruhigen Nacht im Lager verließen uns Elsa und die Jungen zeitig und überquerten den Fluß. Daher war ich überrascht, als Makedde kurz darauf berichtete, er habe die Fährte einer Löwin entdeckt, die während der Nacht den Fluß abwärts bis zur Küche gekommen und auf dem gleichen Weg zurückgekehrt sei. War es die böse Löwin gewesen? Elsa hatte zwar keine Unruhe gezeigt, blieb aber anderthalb Tage fern und erschien dann erst nach Einbruch der Dunkelheit. Sie hielt die Jungen in einiger Entfernung versteckt, schleifte das Fleisch rasch fort und blieb die ganze Nacht außer Sichtweite. Am nächsten Morgen hatten sie alle den Fluß überquert. Ein paar Tage später hörten wir gegen Morgen, als die Familie noch im Lager war, wie sich zwei Löwen flußabwärts näherten. Elsa führte ihre Kinder unverzüglich fort. Ich sah im Dämmerlicht, wie sie in Richtung Studio davoneilten. Bald darauf kam Elsa allein zurück und trabte entschlossen den beiden Löwen entgegen. Die Boys und ich hörten trotz angespannten Lauschens keinen Ton, bis Elsa nach einer halben Stunde zurückkam und ihre Jungen rief. Sie antworteten nicht, und Elsa rannte verzweifelt rufend umher. Als ich mich aus meiner Dorneneinfriedung befreit hatte, schickte ich mich an, ihr beim Suchen zu helfen. Doch sie knurrte und verschwand, am Boden schnüffelnd, in Richtung auf den *Big Rock*. Bald darauf hörten wir aus dieser Richtung Löwen grollen. Da wir aber die beiden fremden Löwen noch in der Nähe vermuteten, folgten wir Elsa erst am Nachmittag, als alles ruhig war. Auf dem Weg fanden wir neben Elsas Fährte die einer anderen Löwin. Beide führten zum Felsen.

Am Abend kam Elsa nicht ins Lager; am nächsten Nachmittag, zwei Stunden nach Georges Rückkehr aus Isiolo, erschien sie mit den Jungen. Sie waren alle mobil, aber sehr nervös. Mehrmals inspizierten sie den Busch ums Lager herum und gingen lange vor Tagesanbruch fort.

Anfang September wurde die Trockenheit gefährlich. Dank der ständigen Patrouillen der Gruppe zur Bekämpfung der Wilderer war nur der Verlust weniger wilder Tiere zu beklagen. Doch konnten die Männer nicht mehr lange bei uns bleiben, da sie aus anderen Teilen des Landes dringend angefordert wurden. Nach ihrem Fortgang verfügte George nur über seine kleine Mannschaft, und vor Ende Oktober konnten wir nicht mit den ersten Regenfällen rechnen.

Eine erfreuliche Nachricht für uns war, daß Sir Julian Huxley in Kürze kommen würde, um im Auftrag der UNESCO das Problem der Erhaltung des wilden Lebens in Ostafrika zu untersuchen. Als er bei uns anfragte, ob wir ihm Teile der nördlichen Grenzprovinz zeigen könnten, waren wir sehr erfreut, denn dabei würden wir Gelegenheit haben, ihn mit den örtlichen Problemen und mit den Schwierigkeiten, diese Probleme mit unseren unzulänglichen Mitteln lösen zu müssen, vertraut zu machen.

Wir waren sicher, daß der Besuch Sir Julians für alle, die an der Erhaltung des wilden Lebens interessiert sind, eine große Ermutigung sein würde. Wir wußten außerdem, daß er Elsa gern sehen wollte. Wir beschränkten die Zahl der Besucher und ließen nur die kommen, die gute und ausreichende Gründe hatten. Da das bei Sir Julian zutraf, freuten wir uns, daß er sich für Elsa Zeit nahm. Damit Sir Julian und seine Begleiter, Lady Huxley, Major Grimwood, der *Chief Game Warden*, und der Pilot nicht in Gefahr kämen, vereinbarten wir, daß sie im Wagen blieben, falls Elsa während der Zeit ihres Besuchs erscheinen sollte.

Zwischen dem 7. und 9. September zeigten wir Sir Julian einen Teil des nördlichen Grenzdistrikts und kamen an einem späten Nachmittag in Elsas Gebiet.

Wir feuerten den üblichen Signalschuß ab und freuten uns, als wir zwanzig Minuten später das Bellen von Pavianen hörten, das gewöhnlich Elsa und die Jungen ankündigt. Bei ihrer begeisterten Begrüßung warf sie mich fast um. Dann sprang sie auf den Landrover. Unterdessen zogen die Boys den Kadaver, den wir mitgebracht hatten, an einen sicheren Platz. Wir beobachteten sie eine halbe Stunde lang und fuhren dann weiter. Elsa sah sehr erstaunt drein, als die Wagen nach einem so kurzen Besuch schon wieder abfuhren.

Am nächsten Morgen flogen unsere Gäste nach Nairobi, und wir fuhren wieder ins Lager. Drei Stunden nach unserer Ankunft erschienen Elsa und die Jungen, vollgefressen und faul von der Mahlzeit, die wir am Vortag gebracht hatten. In der Nacht hörten wir zwei Löwen aus weiter Ferne rufen. Elsa und die Jungen überquerten sofort den Fluß. Vom gegenüberliegenden Ufer führte sie bis tief in die Nacht hinein eine Unterhaltung mit den Löwen. Als ich am nächsten Nachmittag im Studio Tee trank, erschien Elsa, naß und ohne die Jungen. Später folgten die Kinder, und wir verbrachten einen sehr glücklichen Abend im Lager. Jespah tat, als gehöre ihm das Ganze; er legte sich sogar auf Georges Feldbett, das leer stand, da er nach Isiolo gefahren war.

Nachts hörte ich, wie Elsa nach den Jungen rief und das Lager und die Salzlecke umkreiste. Es beunruhigte mich, nichts von den Jungen zu hören, und ich war noch besorgter, als Elsa am nächsten Nachmittag ohne die Kinder über den Fluß kam. Doch ängstigte ich mich ohne Grund, sie folgten ihr später, und am nächsten Morgen tauchten sie sogar sehr zeitig auf und wollten frühstücken.

Als sie sich zwei Stunden lang vollgestopft hatten, zogen sie wieder ab. Nachmittags folgte ich mit dem Toto ihrer Spur. Wir fanden die Familie auf dem *Whuffing Rock*. Elsa entdeckte uns sofort, kam herunter und rieb sich an mir, während Jespah sich auf halbem Wege hinsetzte und uns beobachtete.

Als wir wieder im Lager waren, kam George zurück und brachte noch einen Lastwagen mit. Durch das Motorengeräusch aufmerksam geworden, tauchten Elsa und die Jungen bald auf. George erzählte, daß wir am folgenden Morgen David Attenborough und Jeff Mulligan aus London beim nächsten Landestreifen abholen mußten. Wir korrespondierten schon seit einiger Zeit mit David Attenborough über einen Film, den er von Elsa und den Jungen für die B.B.C. drehen wollte.

Wir hatten schon früher Filmangebote erhalten, aber immer abgelehnt, weil wir fürchteten, die Ankunft einer großen Gesellschaft könne die Löwen beunruhigen. Der Aufenthalt von nur zwei Leuten war weniger bedenklich, doch auch sie brauchten andauernden Schutz. Wir hofften, ihre Sicherheit nachts dadurch zu gewährleisten, daß einer von ihnen in meinem löwensicheren Landrover schlief, den wir in ein großes Dornengehege fuhren; dort stand auch das Quartier unseres zweiten Gastes, ein Zelt, das wir auf einem Lastwagen aufschlugen. Ein drittes Zelt diente als Ankleideraum, Badezimmer, Laboratorium und zur Unterbringung der Apparate.

Kaum lagen wir im Bett, hörten wir stromaufwärts einen Löwen rufen und merkten, daß Elsa darauf sofort das Lager verließ. Am nächsten Morgen, dem 13. September, rief George mich sehr früh in sein Zelt. Dort fand ich Elsa in einem erbärmlichen Zustand. Kopf, Brust, Schultern und Klauen waren mit tiefen, blutenden Schmarren bedeckt. Sie war außerordentlich schwach. Als ich mich neben sie kniete, um die Wunden zu untersuchen, sah sie mich nur an. Alles das kam uns völlig überraschend, denn wir hatten kein Brüllen gehört und nichts von einem Kampf gemerkt. Als ich versuchte, die Wunden zu behandeln, taumelte Elsa auf die Füße und schleppte sich langsam, offenbar mit großen Schmerzen, zum Fluß. Sofort mischte ich

Tabletten unter ihr Fressen und hoffte, damit der Gefahr einer Blutvergiftung zu begegnen, da sie jede äußere Behandlung anscheinend schmerzte und irritierte. Als ich mit allem fertig war, suchte ich zwanzig Minuten nach ihr, konnte sie aber nicht finden. Dann mußte ich aufbrechen, um unsere Gäste abzuholen. George sollte unterdessen nach den Jungen suchen. Das war der ungünstigste Augenblick für Besucher, vor allem für Leute vom Film. Ich fürchtete, sie würden kaum Gelegenheit zum Filmen finden. Ich empfing sie mit den niederschmetternden Neuigkeiten und merkte bald, daß wir keine besseren Tierfreunde als David und Jeff hätten finden können.

Mittags kamen wir im Lager an. George war gerade von einer erfolglosen Suche nach den Jungen zurückgekommen. Während unsere Gäste auspackten und sich einrichteten, suchte ich noch einmal nach Elsa. Ich fand sie unter einem dichten Busch nahe dem Studio. Sie atmete schnell und lag ganz ruhig, als ich ihr die Fliegen aus den Wunden scheuchte. Ich ging zum Lager zurück, um Wasser und die mit dem Fleisch vermischten Tabletten zu holen. Als David mich bei meinen Vorbereitungen sah, bot er seine Hilfe an. Er trug die Wasserschüssel und ging mit mir zum Studio. In einiger Entfernung setzte er sie ab, damit ich sie nehmen konnte.

Arme Elsa, noch nie hatte ich sie so leiden sehen. Sie machte keinen Versuch, den Kopf zu heben; erst als ich ihn hochhob, trank sie und schlabberte lange. Darauf fraß sie von dem Fleisch, zeigte jedoch sehr deutlich, daß sie keine Gesellschaft wünschte. Darum ließen wir sie allein.

Da wir für Elsa nichts mehr tun konnten, machten George und ich uns auf, um jenseits des Flusses nach den Jungen zu suchen. Unterwegs riefen wir alle Namen, auf die Elsa hörte, und riefen auch nach Jespah. Endlich entdeckten wir ein Junges hinter einem Busch, aber als wir näher kamen, floh es. Um es nicht noch mehr zu verängstigen, gingen wir nach Haus und hofften, die Jungen würden ihre Mutter allein finden.

Als erster kam Jespah; gegen sechs Uhr abends überquerte er den Fluß und stürzte auf Elsa zu. Dann hörten wir noch ein Junges am jenseitigen Ufer miauen. Auch Elsa hörte es; sie schleppte sich zum Ufer und rief nach ihm. Es war Gopa. Als er seine Mutter sah, kam er zu ihr herüber. Ich brachte Fleisch, das die Kleinen verschlangen. Elsa rührte es nicht an.

Während Jespah und Gopa fraßen, machten wir mit unseren Gästen einen Bummel am Fluß entlang. Wie erstaunt waren wir, als wir bei unserer Rückkehr Elsa auf dem Landrover liegen fanden, der vor den Zelten stand. Wir nahmen unseren Aperitif und unser Abendbrot wenige Meter von ihr entfernt ein, aber sie beachtete uns nicht. Sorgen machten wir uns noch um Klein-Elsa, bis George sie, kurze Zeit nachdem wir schlafen gegangen waren, ins Lager kommen sah.

Nach Mitternacht zog die Familie ab, und bald darauf hörten wir die böse Löwin brüllen. Am folgenden Tag blieb Elsa aus. Wir wußten den Grund, denn George hatte die böse Löwin auf dem *Big Rock* gesehen. Nachts hörten wir sie wieder brüllen. Wir ängstigten uns um Elsa und machten uns daher, sobald es hell war, auf die Suche. George ging stromaufwärts, und ich schlug mit Makedde, Nuru und einem Wildhüter die entgegengesetzte Richtung ein. Wir nahmen Wasser mit für den Fall, daß wir Elsa fänden. Eine halbe Meile hinter den *Border Rocks* entdeckten wir ihre Spur. So weit war sie noch nie gegangen. Ich rief nach ihr, und augenblicklich kam sie hinter den Felsen hervor. Sie vergewisserte sich, ob alles sicher war, dann erschienen die Jungen. Alle vier waren furchtbar durstig. Ich konnte das Wasser nicht schnell genug ausgießen und mußte aufpassen, daß sie mich nicht kratzten oder mir die Plastikschüssel aus den Händen rissen.

Als wir zurückgingen und auf die Boys stießen, die zurückgeblieben waren, beschnüffelten Elsa und Jespah den Wildhüter mißtrauisch. Er folgte meinem Rat und blieb unbeweglich stehen, doch verriet sein Gesicht, daß er mehr Angst hatte, als er zeigte. Sobald es möglich war, schickte ich ihn mit Makedde voraus.

Elsas Wunden hatten sich gebessert, bedurften aber noch der Behandlung. Es kostete mich eine Menge Überredungskünste, die Familie zu bewegen, uns ins Lager zu folgen. Wir kamen nur langsam voran. Nuru blieb zum Tragen der Gewehre bei mir. Als ich glaubte, wir seien bald zu Hause, schickte ich ihn voraus, um David Bescheid zu sagen, daß er die Löwin beim Überqueren des Flusses filmen konnte. Als Nuru gegangen war, fühlte ich mich etwas unbehaglich und wurde dann wirklich unruhig, weil ich die Entfernung unterschätzt und mich mitten im Urwald verirrt hatte. Es war Mittag und sehr heiß. Die Löwen hielten unter jedem Busch an, um sich im Schatten zu verschnaufen. Ich wußte, daß beste würde sein, den nächsten Trockenlauf zu finden und ihm zu folgen, denn er mußte zum Fluß führen, von dem aus ich mich orientieren konnte. Ziemlich bald stieß ich auf einen schmalen Graben und ging zwischen seinen steilen Ufern weiter. Elsa folgte mir, die Jungen sprangen ein Stückchen hinter uns her. Ich bog um eine Ecke, als plötzlich ein Rhinozeros vor mir stand. Es gab keine Möglichkeit, »geschickt beiseite zu springen und das angreifende Tier vorbeizulassen«, wie einem in solchen Fällen geraten wird. Darum kehrte ich um und rannte, so schnell ich konnte, zurück, das schnaubende Ungeheuer hinter mir her. Endlich sah ich einen kleinen Einschnitt in der Böschung. Ehe mir bewußt wurde, was ich tat, sprang ich hinauf und lief in den Wald hinein. In diesem Augenblick mußte das Rhinozeros Elsa gesehen haben, denn es ließ plötzlich von mir ab, drehte sich um und galoppierte in die entgegengesetzte Richtung. Elsa blieb ganz ruhig stehen und beobachtete uns beide. Ich hatte Glück und war froh, daß Elsa nicht wie sonst das Rhinozeros jagte.

Einen Augenblick später atmete ich auf, weil Nuru mir entgegenkam. Bevor ich ihm danken konnte, daß er mir zu Hilfe kam, erzählte er mir, daß auch ihn ein Rhinozeros gejagt habe und er auf diese Weise zu mir gestoßen sei. Wir mußten herzlich lachen über den überstandenen Schrecken. Dann hielten wir uns dicht nebeneinander und gingen ins Lager zurück.

Wir fanden es wie ausgestorben. Auf Makeddes Bericht, daß ich Elsa gefunden habe, waren George, David und Jeff losgezogen, um mir zu helfen. Ich schickte ihnen einen Fährtensucher nach, damit sie wüßten, daß ich mit den Löwen im Lager sei. Elsa und die Jungen tummelten sich unterdessen im Fluß und erfrischten sich nach dem langen, heißen Marsch. Dann verschwanden sie mit einem Kadaver im Busch. Sie blieben dort bis Mitternacht und überquerten später den Fluß.

Da wir nicht damit rechneten, daß wir die Löwen vor dem nächsten Nachmittag filmen konnten, gingen wir morgens auf den Felsen und fotografierten Klippschliefer. Erhitzt und mitgenommen kamen wir zurück. Nach einem verspäteten Mittagessen gingen wir zum Studio hinunter, wo Feldbetten für eine Siesta aufgestellt waren. Die Betten standen in einer Reihe, meines außen, Davids in der Mitte und Georges am Ende. Jeff legte etwas abseits Filme ein. Bald schlief ich und wurde von einer völlig durchnäßten Elsa geweckt, die auf mir saß und mich zärtlich leckte. Unter ihrem ungeheuren Gewicht hielt sie mich gefangen. Im selben Augenblick sprang David über George und rannte zu Jeff. Schnell hatten sie die Kameras schußbereit. Elsa sprang zu George hinüber, begrüßte ihn liebevoll und ging dann gemessen zu den Zelten, wo sie es sich bequem machte und unsere Gäste überhaupt nicht beachtete. Auch als wir vor den Zelten unseren Aperitif tranken, nahm sie keine Notiz von ihnen. Sie hatte mit Jespah in einem der Zelte gesessen, kam heraus und ging in einer Entfernung von knapp fünfzehn Zentimetern an Jeffs Füßen vorbei, ohne ihn auch nur eines Blickes zu würdigen. Für sie war er einfach nicht da.

Am nächsten Nachmittag brachten wir genügend Kameras mit, um die Familie von allen Seiten filmen zu können. Wir hatten Glück, denn Elsa und die Jungen konnten wirklich nicht gefälliger sein; sie stellten sich auf dem Felssattel großartig. Schließlich kam Elsa herunter. Jetzt begrüßte sie uns alle, auch David und Jeff, indem sie ihren Kopf leicht an unseren Knien rieb. Sie blieb bei uns, bis es dunkelte, dann gingen wir ins Lager zurück. Die Jungen blieben auf dem Felsen.

Elsa hatte das Filmen nicht beeindruckt; trotzdem war ich neugierig, ob sie zum Abendbrot kommen würde. In letzter Zeit störte sie sogar die An-wesenheit der von ihr bevorzugten Boys. Ich hätte mir keine Gedanken zu machen brauchen; denn gerade als ich unseren Gästen erklären wollte, daß Elsa heute abend ebensogut ausbleiben könne, warf sie mich mit ihrer stürmischen Begrüßung beinahe um. Die Tatsache, daß sie erschien, bestätigte meinen Eindruck, daß sie jetzt gegen Eingeborene empfindlicher, aber keines-wegs mißtrauisch gegen Europäer war.

Ich bereitete eine Schüssel mit ihrem Lieblingsgericht, Fleisch mit Lebertran vermischt, und trug es ihr hin, aber Jespah fiel mich aus dem Hinterhalt an und stahl die Mahlzeit.

Während das passierte, probierte Jeff gerade das Tonbandgerät aus und ließ zufällig eine Aufnahme mit dem Brüllen der bösen Löwin ablaufen. Jespah spitzte die Ohren, neigte den Kopf und lauschte aufmerksam auf die verhaßte Stimme. Dann ließ er die Leckerbissen im Stich und rannte zu seiner Mutter, um sie zu warnen.

Am folgenden Nachmittag filmten wir Elsa noch einmal auf dem Felsen und erhielten dabei neue Beweise ihrer Zutraulichkeit gegenüber David und Jeff. Heute brachte sie auch die Jungen zum Spielen mit. Es war für mich interessant, zu beobachten, daß Jespah genauso reagierte wie Elsa in ihrer Jugend. Er merkte sofort, ob ihn jemand mochte, ob er nervös oder ängstlich war, und behandelte ihn dementsprechend. Leider muß ich berichten, daß er sich David zum Anpirschen und Anschleichen aussuchte und daß David sich ihn andauernd vom Halse halten mußte. Schade, daß es schon zu dunkel war, um dieses Spiel zu filmen.

Am letzten Abend vor ihrer Abreise sagten unsere Gäste Elsa adieu, als sie auf dem Landrover saß. Sie schüttelten ihr die Pfote, und ich merkte, daß sie ihnen mehr geworden war als nur ein »Filmstar«. Ich war beiden, David und Jeff, sehr dankbar für die Zurückhaltung, die sie während ihrer Film-arbeit geübt hatten.

Abendtrunk im Oktober

Elsa trug wegen der Krokodile den Kadaver durch den
Fluß — Dennoch war er oft Schauplatz vieler Balgereien

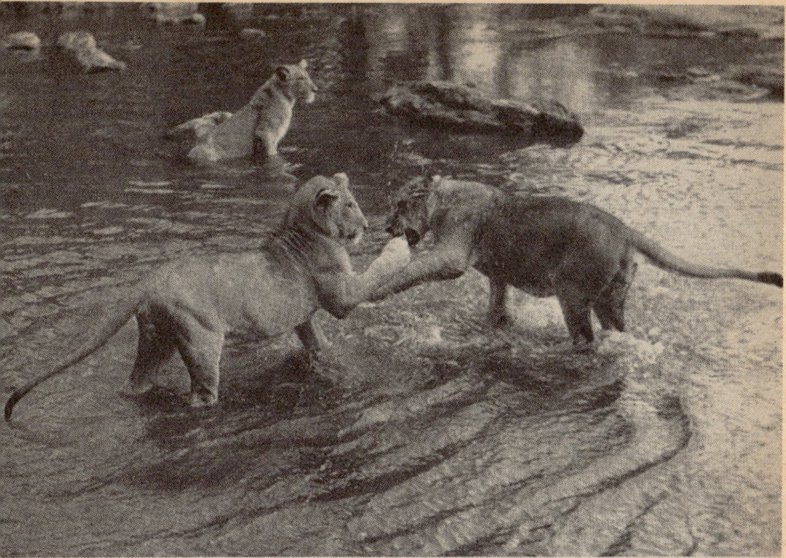
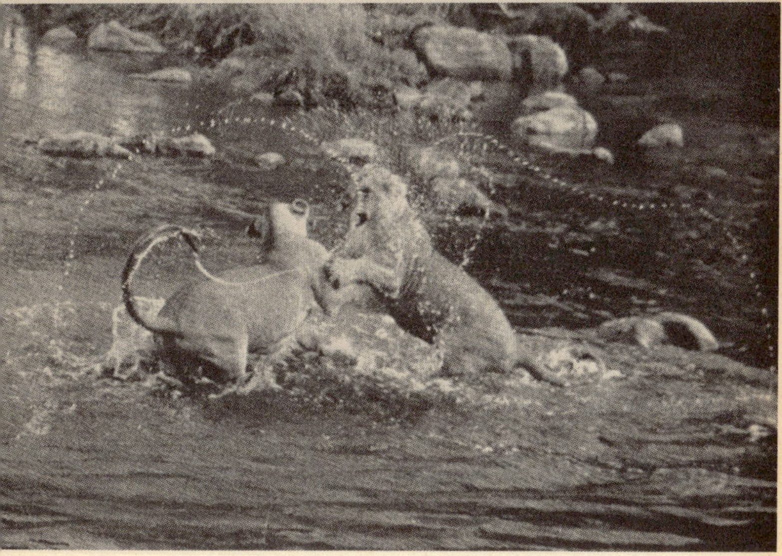

Abgekämpft kehren die Jungen ans Ufer zurück

Scharmützel mit Wilderern

Am Nachmittag des 21. September trafen George, der Toto und ich die Löwenfamilie im Busch. Elsa begrüßte uns wie immer; Jespah leckte George und mich, aber als er auch den Toto auf diese Weise begrüßen wollte, trat Elsa mißbilligend dazwischen. Damit zeigte sie wieder, daß sich ihre Einstellung geändert hatte, denn bisher war sie dem Toto genauso wie Nuru und Makedde zugetan gewesen. Seit der Geburt der Jungen hatte sie immer protestiert, wenn die Kleinen sich Eingeborenen nähern wollten und umgekehrt. Trotzdem erstaunte es uns, daß der Bann jetzt auch den Toto einschloß.

Nachts hörten wir einen Löwen brüllen. Am nächsten Tag fand George die Spur eines männlichen Löwen in der Nähe des Lagers. Später machte ich mich mit dem Toto auf die Suche nach Elsa. Wir fanden sie auf dem *Whuffing Rock*. Obwohl ich sie anrief und ohne den Toto den Felsen bestieg, beachtete sie mich nicht, blickte mich nicht einmal an, und auch die Jungen nahmen keine Notiz von mir. Ich blieb zwanzig Minuten und ging dann nach Hause. Ich fragte mich, ob ihr Löwe in der Nähe sei und sie sich deshalb so zurückhaltend benähme. Abends kam sie nicht ins Lager, aber am nächsten Nachmittag sahen wir die Familie am Fluß spielen. Während die Jungen umherplantschten und sich um ein schwimmendes Stück Holz stritten, legte sich Elsa so neben den Toto, daß sie uns alle im Auge hatte.

Als wir zum Lager gingen, zeigte Jespah großes Interesse für das Gewehr des Toto. Immer wieder pirschte und schlich er ihn an. Elsa kam dem Toto mehrmals zu Hilfe, indem sie sich so lange auf ihren Sohn setzte, bis der Toto ungestört vorausgehen konnte.

Am Abend zeigten sich die Tsetsefliegen besonders lästig. Elsa warf sich in meinem Zelt auf den Boden und wimmerte um Hilfe. Ich ging hinein, um sie von der Plage zu befreien, aber Jespah und Gopa waren schon auf ihre Mutter gestürzt und rollten auf ihr herum, wobei sie die Fliegen zerquetschten. Als ich mich näherte, knurrten sie mich an, und als ich mich an die Fliegen machte, mußte Elsa die Jungen lecken, um ihre Eifersucht zu besänftigen. Sie erlaubte mir immer, die Fliegen abzustreifen; überhaupt wurde jede Hilfe dankbar angenommen. Darum war ich überrascht, daß sie mich am nächsten Morgen zweimal schlug und mich sogar ansprang, als ich sie und die Jungen beim Spielen beobachtete.

Abends kam sie nur zu einem kurzen Besuch ins Lager, als wir schon im Bett lagen. Bis zum folgenden Abend zeigte sie sich nicht, auch dann hielt sie Distanz, nahm ihr Fleisch, zog es aus meinem Blickfeld und verschwand bald darauf.

Als ich am nächsten Abend von einem Spaziergang zurückkam, bei dem ich viele neue Elefantenfährten entdeckt hatte, sah ich Jespah eifrig damit beschäftigt, meinen einzigen Tropenhelm zu Brei zu verarbeiten. Das war ärgerlich, denn ich brauchte ihn gegen die heiße Sonne. Elsa war besonders zärtlich, wahrscheinlich wollte sie die Ungezogenheit ihres Sohnes wiedergutmachen. Lange saßen wir zusammen am Fluß und beobachteten einen Königfischer, der keine Angst vor uns hatte und ganz dicht herankam.

Um diese Zeit merkte ich, wie eifersüchtig Gopa war, nicht allein auf mich, auch auf seine Geschwister. Spielte Jespah mit seiner Mutter, sprang Gopa zwischen die beiden, kam Elsa zu mir, duckte er sich und knurrte, bis Elsa sich ihm zuwandte.

Als George abgefahren war, schlief ich im Landrover, bei dem der Kadaver für Elsa nachts angebunden wurde. Ich hoffte, ihn so vor unerwünschten Raubtieren zu schützen. Dadurch schlief ich nicht ungestört, konnte aber die Nachttiere des Urwalds ausgezeichnet beobachten.

Besonders gefiel mir eine Zibetkatze, eine besonders dunkle und mutige, die, sehr zum Ärger der herumstreichenden Schakale, von der »Beute« Besitz ergriff. Sie brauchte nur den Kopf zu heben, und schon flohen sie, so schnell sie konnten. Wenn das die Zibetkatze war, die Jespah einmal verjagt hatte, mußte man seinen Mut bewundern. Um das interessante Tier beobachten zu können, gestattete ich ihm eine ausgiebige Mahlzeit; bei Hyänen und Schakalen war ich weniger großzügig.

Eines Abends weckte mich das Geräusch eines brechenden Baums und das Trompeten von Elefanten. Sie standen am Fluß zwischen Studio und Zelten und rückten immer näher heran. Das beunruhigte mich, denn ich wußte nicht, was ich tun sollte, wenn sie bis zu den Zelten kämen. Elsa saß mit den Jungen neben meinem »Schlafwagen«, horchte auf die Geräusche und hegte vielleicht ähnliche Befürchtungen. Wir lauschten alle angespannt. Plötzlich sah ich, wie sich eine riesige Masse oben am Ufer entlangbewegte, endlos lange stillstand und dann in der Dunkelheit verschwand. Elsa und die Jungen verhielten sich genauso ruhig wie ich und blieben in »Wachtstellung«, bis man kein Krachen mehr hörte. Dann gingen sie vermutlich fort.

Kurz darauf spiegelte sich das Licht meiner Taschenlampe in einem Paar grüner Augen, die langsam näher kamen. In der Annahme, es sei ein herumstreichendes Raubtier, stieg ich aus dem Wagen, um den Kadaver mit Dornenzweigen zuzudecken. Bevor ich einen großen Zweig heranziehen konnte, sprang mich Elsa an. Ich kletterte in mein Schlafzimmer zurück. Als Elsa und die Jungen ihre Mahlzeit beendet hatten und anscheinend fortgegangen waren, ging ich wieder hinaus, denn ich wollte die Schakale nicht gratis verköstigen. Wieder sprang mich Elsa an und verteidigte ihre »Beute«. Den Rest der Nacht verbrachten wir damit, uns gegenseitig zu belauern. Elsa gewann das Spiel, wahrscheinlich um den Preis, bedeutend mehr als nötig gefressen zu haben.

In der letzten Septemberwoche kam eines Morgens ein Eingeborener und bat um Hilfe bei der Jagd auf zwei Löwen, die neben seiner Hütte einen Wasserbock getötet hatten. Ich gab ihm zwei Fährtensucher mit. Nach den Spuren zu urteilen, verbrachten die Löwen eine Nacht bei ihrer Beute und gingen dann zehn Meilen weiter zu ihrem Lager auf einem Hügel.

Ich freute mich, daß die Eingeborenen auf diese Weise merkten, daß es außer Elsa noch andere Löwen in ihrer Nachbarschaft gab, und sie nicht unbedingt Elsa dafür verantwortlich machen konnten, wenn ihr Vieh angegriffen wurde.

Im Oktober wollten Billy Collins und ich uns treffen, um die Fortsetzung meines Buches »Frei geboren« zu besprechen. Ich holte ihn in Nairobi ab. Auf unserer Rückfahrt erfuhr ich zu meiner Freude, daß er keinen Groll gegen Elsa hegte oder sie wegen des eigenartigen Benehmens bei seinem letzten Besuch fürchtete. Ich hatte gehofft, noch vor ihr im Lager anzukommen. Doch schafften wir es erst zum Abendbrot und trafen die Löwenfamilie beim Fressen vor den Zelten. Ich war ein wenig unsicher, doch Elsa begrüßte Billy und mich sehr freundschaftlich und wandte sich dann wieder der »Beute« zu. Den Abend verbrachten wir wenige Meter von ihr entfernt, doch sie beachtete uns gar nicht.

George erzählte, in der Nacht vom 7. zum 8. Oktober habe ein Löwe sehr nahe beim Lager gebrüllt; heute abend verließ uns Elsa, sobald wir im Bett waren, wahrscheinlich, um den Löwen zu treffen.

Es war sehr heiß und der Busch hoffnungslos trocken. Sogar im Studio, wo es sonst kühl ist, war es drückend, als wir dort am nächsten Morgen arbeiteten. Obwohl uns Paviane, Antilopen und verschiedene Vögel fort-während ablenkten, schafften wir eine Menge und konnten uns bis zum Tee nicht nach Elsa umsehen. Erst auf dem Rückweg unseres Spaziergangs, auf einem kleinen Waldpfad, spürte ich plötzlich, wie sie und Jespah sich an meinen Beinen rieben.

Elsa behandelte Billy genauso wie uns, Jespah hingegen war fasziniert von Billys weißen Socken und Tennisschuhen. Er schmiegte sich dicht an den Boden, versteckte sich hinter jedem Strauch und versuchte immer wieder, ihn aus dem Hinterhalt anzuspringen. Doch wir verhinderten es jedesmal. Schließlich wurde es ihm zu dumm, und er ging zu seinen Geschwistern. Elsa verbrachte den Abend auf dem Dach des Landrovers.

Am nächsten Morgen wurde ich wach, als sie mich durch das zerrissene Moskitonetz leckte. Wie war sie in mein Zelt gekommen? Ich fürchtete, sie könne auch Billy besucht haben, und rief nach ihm. Er antwortete, Elsa sei eben gegangen. In dem Augenblick kam der Toto mit meinem Morgentee. Als Elsa ihn sah, stieg sie langsam vom Bett und ging auf die Flechttür der Dornenhecke zu. Dort wartete sie, bis ihr der Toto die Tür aufstieß, ging gelassen hinaus, sammelte die Jungen ein und trottete dann mit ihnen in Richtung der großen Felsen davon. Ich zog mich rasch an und ging etwas ängstlich zu Billy, um zu fragen, wie er zurechtgekommen sei. Er erzählte mir lachend, Elsa habe sich durch die Pforte seiner Einfriedung gezwängt, die wir noch mit Dornen gesichert hatten, und sei dann auf seinen vergitterten »Schlaf-wagen« gesprungen. Erst als sie merkte, daß sie nicht zu ihm konnte, sei sie gegangen.

Nie hatte sich Elsa im geringsten für David Attenborough oder Jeff inter-essiert, die am gleichen Platz geschlafen hatten. Die einzigen Menschen, zu denen sie sich aufs Bett legte, waren George und ich. Darum hielt ich ihr Ver-halten Billy gegenüber für eine große Auszeichnung. Ob er es auch so auf-faßte, weiß ich nicht.

Am Nachmittag besuchten wir die Familie auf dem *Whuffing Rock*. Sobald Elsa und Jespah uns ausmachten, kamen sie herunter und begrüßten uns über-schwenglich. Ebenso begrüßte Elsa Makedde, der uns begleitete. Als Jespah seinen Kopf an Makeddes Beinen reiben wollte, trat sie schnell dazwischen und hinderte ihn daran. Gopa und Klein-Elsa blieben auf dem Felsen. Als wir ein paar hundert Meter durch den Busch gegangen waren, rief Elsa sie. Die beiden kamen herunter, blieben aber außer Sichtweite. Erst am Fluß tauchten sie auf, verhielten sich jedoch sehr ruhig. Sie saßen im Wasser, kühlten sich ab und beobachteten uns aufmerksam. Jespah gesellte sich später zu Elsa und war sehr zutraulich. Seine Possen verzögerten aber unseren Heimweg, so daß wir von der Nacht überrascht wurden. Obwohl Billy seine weißen Socken abgelegt hatte, faszinierte er Jespah nach wie vor. Er setzte sich ihm vor die Füße, sah ihn dreist an und machte so jedes Vorankommen unmöglich. Billy versuchte, ihm durch Umwege auszuweichen, vergebens; im nächsten Augenblick war Jespah ihm wieder vor den Füßen. Elsa griff mehrmals ein und rollte ihren Sohn auf den Boden. Das ermutigte ihn aber nur, noch ungezogener zu sein. George war vorausgegangen. Plötzlich spürte er, wie ihn zwei Pfoten von hinten umarmten, und er fiel fast hin. Jespah hatte bestimmt sein Abendvergnügen. Erst im Lager hatten wir Ruhe, als er mit seinem Abendbrot beschäftigt war.

Der 12. Oktober war Billys letzter Tag bei uns. Darum versuchten wir, die Familie noch einmal ausfindig zu machen, aber ohne Erfolg. Wir mußten uns damit begnügen, Wasser- und Buschböcke bei der Tränke am Fluß oder die Klippschliefer, die sich auf den Felsen sonnten, zu beobachten. Als es dunkelte, sahen wir die winzigen Buschbabys ihre dornigen Wohnungen verlassen und sich ihrem nächtlichen Treiben zuwenden.

Bei unserer Rückkehr fanden wir Elsa und Jespah im Lager. Billy klopfte Elsa und streichelte ihren Kopf, als sie auf dem Landrover lag. Das erlaubte sie im allgemeinen nur mir.

Wir wollten Billy vor seiner Abreise aus Kenia den Tana-Fluß zeigen. Das bedeutete einen Umweg von fünfzig Meilen, doch glaubten wir, ihm damit eine Freude zu machen. Wir fuhren an einem Baobab vorbei, dem größten der Gegend, der mindestens achthundert Jahre alt sein mußte. Der Baum hat zwei große Öffnungen, hoch über dem Boden, die einen sicheren Unterschlupf bilden. Die Öffnungen führen in eine Höhle, die acht bis zehn Menschen faßt. Als George den Baum zum erstenmal entdeckte, diente er Wilderern als Versteck. George setzte dem ein Ende, doch sind immer noch eine Menge hölzerner Dübel in den Wänden der Höhle, die als Leiter dienen oder zum Aufhängen von Sachen.

Die Öffnungen waren künstlich vergrößert; nach den Jahresringen zu urteilen, war dies bereits vor langer Zeit, vielleicht vor zweihundert oder gar dreihundert Jahren, geschehen. Eigenartig ist, daß die meisten Baobabs der Gegend solche Öffnungen aufweisen. Elsa fand sie interessant und ließ sich nie nehmen, sie zu inspizieren.

Auf unserer Fahrt trafen wir auf Grevy-Zebras, Giraffen, Gerunuks und

Wasserböcke. Wir rechneten nicht damit, viel Wild zu sehen, denn die Trockenheit war um diese Jahreszeit so weit fortgeschritten, daß sich das Leben der meisten Tiere um die Flüsse konzentrierte. Schließlich kamen wir zum Tana, dem größten Fluß Kenias. Wir erreichten ihn an der Stelle, an der einer der vier Flüsse mündet, den wir auf unserem Weg nach Isiolo überqueren müssen. Im allgemeinen kann man damit rechnen, hier Flußpferde anzutreffen, und wir wurden auch heute nicht enttäuscht. Auf dem achthundert Meter langen Abschnitt sahen wir acht. Sie wälzten sich und gähnten und machten mit ihrem feuchtglänzenden Körper einen beneidenswert kühlen Eindruck.

Plötzlich hörten wir Hundegebell. George ergriff sein Gewehr und lief in Richtung des Lärms davon. Er watete durch den einmündenden Fluß und verschwand in einem Dickicht von Doumpalmen. Gleichzeitig sprangen zwei Wasserböcke in den Fluß, denen bellende Hunde folgten, die bald ihre Opfer überholten und ihre Fänge in Rücken und Kehle der Tiere krallten. An der kleineren Antilope hingen drei Hunde. Sie kämpfte verzweifelt, bis wir einen Schuß hörten und ein Hund ins Wasser zurückfiel. In diesem Augenblick erschien ein Eingeborener an der Oberfläche. Als er Billy und mich am Ufer stehen sah, tauchte er wieder unter. Ich hatte Angst um ihn, denn im Tana leben nicht nur Krokodile, es gibt auch gefährliche Stromschnellen, und außerdem lagen noch die acht Flußpferde dem Wilderer im Weg. Auch George mußte das beobachtet haben, denn er schoß mehrmals über den Schwimmer hinaus, um ihn zur Umkehr zu veranlassen. Ungeachtet der Kugeln, Flußpferde, Krokodile und Stromschnellen schwamm der Wilderer weiter, entschlossen, zu entkommen. Die Flußpferde waren untergetaucht, und wir erwarteten jeden Augenblick eine Katastrophe. Doch der Mann folgte dem Wasserbock und den Hunden und erreichte unversehrt das andere Ufer. Dann verschwand er im Nu im Busch. Jetzt kam noch ein zweiter Wilderer zum Vorschein und mit ihm mehrere Hunde, die der kleineren Antilope nachjagten. Das Tier versuchte vergeblich, den sicheren Fluß zu erreichen, aber einer der Hunde biß sich an der Schnauze der Antilope fest und versuchte, sie zu würgen, während ein anderer ihr am Rücken hing. George erschoß beide Hunde, die Antilope schwamm tapfer noch ein Stück weiter, sank dann unter und ertrank.

Inzwischen lief ich mit neuer Munition zu George. Er erzählte, daß er beinahe auf einen Wilderer getreten sei, der, um sich zu retten, in den Fluß gesprungen war. Er habe über ihn hinaus geschossen, damit er sich ergebe, doch sei er unter Wasser um die Flußwindung geschwommen. Das war der Mann, der so erschrak, als er Billy und mich am Ufer stehen sah. Jetzt floß der Tana wieder friedlich dahin; mit sich trug er die Leichen von Angreifern und Opfern, Opfern der Jagdleidenschaft des Menschen oder vielleicht seiner Gier nach Nahrung und Geld. Ich war traurig, daß dieser Zwischenfall der letzte Eindruck Billys von Kenia sein sollte. Doch er spricht für viele ungenannte Vorfälle und für die Notwendigkeit, die Wilderer zu bekämpfen, wenn man das Leben der wilden Tiere in Westafrika erhalten will.

Es ist ermutigend, daß schon viele gebildete Afrikaner den Wert der wilden Tiere als Aktivposten der Volkswirtschaft erkennen. Nur mit ihrem Verständnis und ihrer Mitarbeit können die letzten Großwildreservate vor der Vernichtung gerettet werden, die nicht mehr rückgängig gemacht werden könnte.

In der letzten Oktoberwoche kam George ins Lager zurück. Mehrere Tage lang verlief das Leben ereignislos, bis sich eines Nachts die böse Löwin und ihr Gefährte mit eindrucksvollem Brüllen von *Big Rock* her ankündigten. Elsa verstand die Warnung und brachte ihre Kinder sofort über den Fluß.

Früh am nächsten Morgen sah George die Silhouette der bösen Löwin sich auf dem *Big Rock* klar gegen den Himmel abzeichnen. Sie ließ ihn bis auf vierhundert Meter herankommen und lief dann weg. Abends kam Elsa zu einer raschen Mahlzeit und ließ sich dann für vierundzwanzig Stunden nicht blicken. Während dieser Zeit lösten wir uns in der Wache ab. Beunruhigt über Elsas Ausbleiben, ging ich, sie zu suchen, fand aber keine Fährte. Am nächsten Morgen sahen wir ihre Spur und die der Jungen überall im Lager. Es erschien mir seltsam, daß sie keinen Laut von sich gegeben und sich nicht gemeldet hatten. Die zum Lager führende Fährte war mit Spuren von Rhinozerossen und Elefanten vermischt.

Am Abend kam die Familie. Elsa war in eigenartiger Stimmung. Sie zeigte keinerlei Interesse an mir, Gopa oder Klein-Elsa, es schien für sie nur Jespah zu geben. Gopa tat mir leid; er gab sich alle Mühe, die Aufmerksamkeit seiner Mutter auf sich zu lenken. Wenn sie an ihm vorbeiging, rollte er sich einladend auf den Rücken und streckte alle viere von sich. Doch vergebens, sie stieg über ihn weg und ging zu Jespah.

Gegen zwanzig Uhr dreißig fingen zwei Löwen an zu brüllen. Die ganze Familie lauschte gespannt, doch nur Elsa und Jespah trabten schnell auf das Studio zu; Klein-Elsa und Gopa liefen ein paar Meter mit, kehrten dann aber um und fraßen ihr Abendbrot auf. Sie schlugen sich den Bauch voll, bis ein furchterregendes Brüllen ganz in der Nähe erscholl. Daraufhin stürzten die beiden in vollem Tempo hinter ihrer Mutter her, die schon den Fluß überquert hatte.

Die Fleischreste brachte ich vor den beiden fremden Löwen in Sicherheit, die ihr Konzert die ganze Nacht über fortsetzten.

Als am nächsten Nachmittag das Licht schon schwächer wurde, sahen Makedde und ich eine Löwin auf den *Big Rock* klettern und sich oben hin-

Ich traf Elsa, als sie mit ihren Jungen dahertrabte

Jespah zeigte großes Interesse für das Gewehr des Toto. Elsa kam
ihm zu Hilfe und setzte sich auf ihren Sohn (links) — Klein-Elsa

Jespah, zehn Monate alt

setzen – das war zweifellos die böse Löwin. Ich holte meinen Feldstecher und bekam sie zum erstenmal richtig zu sehen. Sie war viel dunkler und schwerer als Elsa und sehr häßlich. Ich bemerkte, daß sie zu uns hinüberstarrte. Plötzlich ertönte dicht bei uns ein Schrei, im nächsten Augenblick schien der Busch von Elefanten zu wimmeln. Makedde und ich rannten so schnell wir konnten ins Lager zurück. Den ganzen Abend trompeteten und rumpelten die Elefanten, die an den Fluß zur Tränke gingen. Dazu brüllte die böse Löwin vom *Big Rock*. An Schlaf war in dieser Nacht nicht zu denken, und Elsa ließ sich selbstverständlich nicht blicken.

Am Morgen verfolgten wir die Spur der bösen Löwin und ihres Gefährten. Sie waren stromaufwärts in die Gegend zurückgegangen, in der sie nach unserer Meinung meistens lebten. Elsa wußte ohne Zweifel Bescheid, denn am Abend brachte sie die Familie zum Fressen ins Lager. Sie beachtete mich erst, als die Jungen mit ihrer Mahlzeit beschäftigt waren, und zeigte sich dann zärtlich wie immer. Sicher war dies eine neue List, um die Eifersucht der Jungen nicht zu erregen.

Die Luft war drückend, Blitze zuckten ununterbrochen über den Himmel. Als ich im Bett lag, erhob sich bald ein starker Sturm, die Bäume knarrten, die Zeltbahnen flappten. Dann fielen die ersten Regentropfen; es dauerte nicht lange, und ich hatte das Gefühl unter einer Traufe zu sitzen. Es goß die ganze Nacht hindurch. Wir hatten mit einer solchen Sintflut nicht gerechnet und versäumt, die Zeltstangen festzumachen. Infolgedessen fielen die Pfähle zusammen, und ich mußte sie die ganze Nacht über hochhalten, um wenigstens ein Dach über dem Kopf zu haben, während ein Sturzbach um meine Füße floß.

Als endlich mit Tagesanbruch die Nachtkälte wich, hätte ich mich gern mit einer Tasse Tee aufgewärmt. Doch niemand brachte mir eine, denn das Feuerholz war naß geworden, und außerdem hatten die Boys die Nacht genauso anstrengend wie ich verbracht.

Draußen sah ich, daß Georges Zelt auch zusammengefallen war, und darunter hörte ich Elsa leise brummen. Bald darauf erschien sie mit Gopa und Jespah, ziemlich schmutzig, aber trocken. Auch dieser Guß hatte Klein-Elsa nicht veranlaßt, sich ein schützendes Dach zu suchen. Vor Nässe triefend, saß sie vor der Dornenhecke.

Ich machte mich daran, unsere aufgeweichten Sachen in die Wagen zu bringen, um sie vor den Löwen zu schützen. Jespah »half« mir dabei; es machte ihm einen Riesenspaß, jede Kiste, die ich fortschaffen wollte, zu verteidigen. Als ich mit der Arbeit fertig war, drängten sich Elsa, Jespah, Gopa und ich in mein Zelt, Klein-Elsa ließ sich herbei, unter die Eingangsplane, aber nicht weiter zu kriechen. Hier fand sie wenigstens etwas Schutz.

Der Regen hielt, mit nur kurzen Unterbrechungen in den späten Nachmittagsstunden, vier Tage an. Die Sicht war auf wenige Meter begrenzt. All das war nicht außergewöhnlich, denn die Regenzeiten fallen in diesem Teil Kenias ganz verschieden aus. Eine Berggegend kann eine jährliche Niederschlagsmenge von zweieinhalb Metern haben, während die Ebenen ringsum kaum einen halben Meter verzeichnen.

Elsas Heimat liegt in einer Halbwüste, genießt aber den Vorteil der nahe gelegenen Bergkette, von der mehrere kleine Flüsse in die trockene Zone herabfließen. Der Fluß, der dem Lager am nächsten war, stieg jetzt so hoch an, wie ich es bisher nie erlebte. Ein brüllender roter Gebirgsstrom donnerte über die Ufer, überflutete das Studio bis in Tischhöhe und schwemmte eine Menge Strandgut, sogar eine entwurzelte Doumpalme, an. Ich freute mich, daß Elsa und die Jungen mit uns auf dieser Seite des Flusses waren und daß wir genug Fleisch für sie hatten.

Innerhalb von drei Tagen verwandelte sich die ausgedörrte, versengte Umgebung des Lagers in sattes Grün und der trockene, brüchige Busch in eine verschwenderische Pflanzenpracht. Es schien fast, als habe der Busch seine Kräfte beim Hervorbringen einer solchen Überfülle farbenprächtiger Blumen erschöpft, denn schon nach wenigen Tagen war der Boden mit Hunderten von Blütenblättern bedeckt.

Die Tiere des Urwalds reagierten unverzüglich auf den Wechsel von unfruchtbarer Dürre zu verschwenderischer Fülle. Am gleichen Tag, als der Regen einsetzte, kamen die Webervögel zurück und machten sich über unseren Zelten an die Arbeit. Sie bauten neue Nester und besserten die alten aus. Durch das Trommeln des Regens hörte ich sie zwitschern, als ob ihnen die Regenflut überhaupt nichts ausmache. Im Laufe von zwei bis drei Tagen waren die Nester fertig. Eine Woche danach fand ich die ersten türkisfarbenen Eier, und nach weiteren zwei oder drei Wochen war der Boden von den Schalen übersät. Die blau-grünen Eier bildeten einen unwahrscheinlichen Kontrast zu der Unmenge scharlachroter Insekten, die auf einmal aus dem feuchten Sand hervorkrochen. Sie kamen immer unmittelbar nach den ersten Regenfällen und verschwanden nach ein paar Tagen wieder; jetzt lagen sie überall herum und sahen aus wie rollende, samtige Bohnen.

Genau einen Monat nach Beginn der Regenzeit, mit der die gelb-schwarzköpfigen Webervögel zurückgekommen waren, nahm ich das erste aus dem Nest gefallene Junge auf. Es war ganz nackt, seine winzigen Federn, die noch in ihrer Scheide steckten, hatten einen Hauch von Flaum am Ende und sahen fast wie Stacheln aus. Das Kleine machte einen rührend hilflosen Eindruck, als ich es in meiner Hand hielt, um es zu wärmen. So schwach und hilfsbedürftig es auch war, besaß es doch einen ausgeprägten Lebenswillen und hörte nicht auf, nach Futter zu schreien. Obwohl die Boys fast ununterbrochen Grashüpfer fingen, hatten wir nie genug, den hungrigen Vogel zufriedenzustellen. Ich setzte den Kleinen in ein Nest, das ich bei den Webervögeln aufhängte, und hoffte, sie würden das Waisenkind adoptieren. Aber ich hatte kein Glück. Alle zwei Stunden gab ich ihm den ganzen Fang, etwa zwanzig Grashüpfer, die ich dem Vögelchen mit einer Pinzette in den Schnabel stopfte. Es gedieh bei dieser Kost prächtig und begrüßte mich schon am zweiten Tag mit lautem Zirpen. Dabei streckte der Kleine den kahlen Kopf so weit er konnte aus dem Nestloch heraus. Ich ließ das Nest in seiner natürlichen Lage, die trichterförmige Öffnung zum Boden hin. Dadurch war sein Bewohner vor Regen geschützt und konnte das Nest, das mit weichen Perlhuhnfedern aus unserem Küchenabfall ausgelegt war, auch reinhalten. Der Instinkt des kleinen Vogels für Sauberkeit war erstaunlich. Jedesmal, wenn er sich entleeren mußte, kletterte er auf den Nestrand, hängte den Schwanz über die Öffnung und ließ vorsichtig den Kot fallen. Sogar wenn ich ihn in der Hand hatte, warnte er mich durch seine Unruhe, bis er einen Finger fand, auf den er sich hocken und sich, ohne meine Hand zu beschmutzen, entleeren konnte.

George beobachtete, daß die Webervögel jeden Abend gemeinsam ihr Geschäft verrichteten. Oft weckte ihn plötzlich verschlafenes Gezwitscher, dem ein Geräusch wie das von fallenden Regentropfen folgte. Das waren ihre auf das Zeltdach fallenden Exkremente. Der ganze Vorgang dauerte nur wenige Minuten, dann war alles wieder still. Da sich das gleiche zwei- bis dreimal während der Nacht wiederholte, nahmen wir an, daß die Webervögel auch in dieser Beziehung gesellig sind.

Den jungen Vogel nannte ich Tam-Tam, das heißt auf suaheli Bonbon oder süß. Nachts hängte ich das Nest über mein Moskitonetz. Dort war es vor Regen geschützt, und ich konnte es erreichen, wenn der Kleine schrie. Sogar nachts hielt Tam-Tam sein Nest sauber. Sobald der erste Webervogel aufwachte, antwortete ihm Tam-Tam. Dann war für mich der Schlaf vorbei. Alles Beruhigen half nichts, der Hunger war stärker. Doch zu so früher

Stunde gab es noch keine Insekten, das Gras war noch zu feucht vom Tau. Deshalb versuchte ich es eines Tages mit hartgekochtem Eigelb, das Tam-Tam gierig fraß. Eine Stunde später sah ich zu meinem Entsetzen, wie ein Klumpen unter der durchsichtigen Haut des Halses hervortrat. Ein Hautsack konnte es nicht sein. Ich versuchte, den Knoten zu massieren, ohne Erfolg. Um zu beobachten, was weiter geschah, behielt ich Tam-Tam zwei Stunden in der Hand, bis sich der Dotter aufgelöst hatte. Abgesehen von einer leichten Verstopfung, die ich mit fetten Grashüpfern kurierte, nahm Tam-Tam aber keinen Schaden.

Kurz vorm Dunkelwerden war er immer besonders hungrig, doch eignete sich die Zeit nicht für die Grashüpferjagd, weil sich die Löwen im Lager aufhielten. Das Futterproblem löste sich eines Nachmittags von selbst, als sich Elsa im Zelt auf den Boden warf, damit ich sie von den Tsetsefliegen befreie. Ich hielt Tam-Tam in der Hand und wußte nicht, wohin mit ihm. So konnte ich also nur mit einer Hand Fliegen fangen. Plötzlich fiel mir ein, die Tsetsefliegen könnten vielleicht Futter für Tam-Tam sein. Er fraß sie tatsächlich so heißhungrig, daß ich gleich eine Portion fürs Frühstück mitfing.

Im Laufe der nächsten drei Tage entwickelte Tam-Tam seine Federn, die zeigten, daß er ein Weibchen war. An dem winzigen Körper wuchs innerhalb eines einzigen Tages der feinste Flaum. Das gelbe Gewebe um den Schnabel bildete sich bis auf kleine Flecken an den Ecken zurück.

Vier Tage nachdem ich Tam-Tam gefunden hatte, hängte ich ihr Nest an einen Zweig meiner Dornenhecke, damit sie ein Sonnenbad nehmen konnte. Wie üblich zirpte sie, so laut sie konnte, und schrie nach Futter. Mit dem Geschrei zog sie andere Webervögel an, und innerhalb weniger Minuten umringten fünfundzwanzig Weibchen und fünf Männchen das Nest. Schließlich kroch eines der Weibchen hinein und blieb ein paar Minuten drin. Da ich nicht wußte, ob es feindlich oder freundlich gesonnen war, nahm ich Tam-Tam heraus, um zu sehen, was geschah. Sofort hüpfte Tam-Tam von einem Ast zum anderen, bis sie im hohen Gras landete. Von hier führten sie einige Weibchen durch den Grasdschungel zum Busch beim Fluß.

Ich fürchtete, daß Tam-Tam noch nicht genug fliegen konnte, um vor Raubvögeln sicher zu sein, von denen es mehrere beim Lager gab; ich fürchtete auch Schlangen, da George am Vortag eine Kobra neben dem Zelt erschossen hatte, die sicher auf junge, aus dem Nest gefallene Vögel aus war. Darum hob ich meine kleine Tam-Tam auf und hängte ihr Nest neben meinem Tisch im Studio auf. Sie kannte bald ihren Namen. Wenn ich sie rief, erschien sie aufgeregt zirpend in der Nestöffnung und vollführte dabei einen wilden, flatternden Tanz. Immer wieder nahm ich sie in die Hand, doch wagte sie sich nie weiter vor als bis zum Tisch oder zur Schreibmaschine.

Am folgenden Tag war sie bei uns im Studio. Plötzlich flog sie aus dem Nest und verschwand im Busch. Sie flog nicht weit fort und antwortete auf mein Rufen, hielt sich aber außer Reichweite. Wir hofften, der Hunger würde sie bald zurückbringen. Sie schrie und tanzte immer mehr, je später es wurde; aber sie war schließlich noch zu jung, um zu wissen, daß sie zum Fressen zu mir kommen mußte, und ich es ihr nicht bringen konnte, wie ihre Mutter es getan hätte.

Am späten Nachmittag erschienen Elsa und die Jungen. Dadurch konnten wir unseren Schützling nur schwer fangen. Als wir schließlich die Löwen-familie fortgelockt und beim Zelt mit dem Abendbrot beschäftigt hatten, war es schon dunkel. Tam-Tam hockte inzwischen im dichten Gestrüpp auf den höchsten Zweigen eines Busches völlig außer Reichweite. Ich war verzweifelt, denn bald würde es vollständig dunkel sein. Wie leicht konnte dann die Kleine eine Beute nächtlicher Feinde werden. Wir fingen an, das Gestrüpp abzuhauen, um Tam-Tam zu erreichen, und wunderten uns, daß sie bei dem Lärm und beim Herunterbiegen des Zweiges nicht davonflog, sondern wartete, bis ich sie vorsichtig in meine Hand nahm. Endlich saß ich mit ihr im Zelt und fütterte sie mit Elsas Tsetsefliegen. Welch ungewöhn-liches Erlebnis, in der einen Hand diesen kleinen, fast schwerelosen Vogel zittern und sein winziges Herz unter dem weichen Flaum schlagen zu fühlen, während ich dicht neben Elsa saß, sie mit der anderen Hand streichelte und ihre zärtliche Zuneigung spürte.

Ich liebte meine kleine Tam-Tam sehr; aber wie lange würde sie noch freiwillig bei mir bleiben? Nur wenige Meter von uns entfernt lebten Hun-derte von geschäftigen, schwätzenden und glücklichen Webervögeln. Zu ihnen gehörte sie, denn nur ein Unfall hatte sie meiner Obhut anvertraut.

Ich gab ihr ein großzügiges Tsetsefliegen-Frühstück und setzte sie wieder in ihr Nest an die Sonne. Sofort gesellten sich zwei Webervogelweibchen zu ihr, die abwechselnd ins Nest hineinkrochen. Bald darauf kam Tam-Tam heraus und flog, von beiden Weibchen begleitet, in großem Bogen in den Busch beim Fluß. Eine Stunde lang sahen wir die drei innerhalb der Weber-vogel-Kolonie, immer in Gesellschaft anderer Webervögel, von Baum zu Baum fliegen. Dann und wann suchte einer der Erwachsenen ein Insekt für

Tam-Tam, und einmal hackte auch einer der Beschützer nach ihr. Wir erkannten Tam-Tam leicht an ihrer Größe und dem kurzen Schwanz, denn sie war das einzige Junge unter lauter Erwachsenen. Wo, fragten wir uns, waren die anderen Jungen der Kolonie? Hielt man sie sicher in den Nestern, bis sie sich selbst schützen konnten? Da die beiden Weibchen nicht von Tam-Tams Seite wichen, mußten wir sie in ihrer Gesellschaft lassen. Beim Dunkelwerden fanden wir unseren Schützling nicht mehr und konnten nur hoffen, daß die Pflegemütter ihn sicher in einem Nest unterbringen und sich um ihn kümmern würden.

Als der Regen nach einer Woche aufhörte, beobachtete ich viele junge Tiere. Eine Menge leuchtend roter Monitors sonnte sich am Fluß, tauchte aber in die schäumenden Fluten, wenn ich mich näherte. Zwei winzige Schildkröten, nicht größer als ein Markstück, schwammen dicht beim Studio umher; sie waren das genaue Ebenbild der erwachsenen, suppentellergroßen Schildkröten, die ich oft auf den gegenüberliegenden Felsen sah. Die seltsamste Kinderstube aber entdeckte ich eines Morgens, als ich den Fluß hinunterging. Nahe bei einem von Elsa bevorzugten Übergang fand ich in einem tiefen Tümpel Wesen, die großen Kaulquappen glichen und sich nur durch angestrengtes Paddeln senkrecht hielten. Als ich genau hinsah, merkte ich, daß es junge Krokodile waren, keine zwanzig Zentimeter lang und höchstens zwei bis drei Tage alt. Sie schwammen dicht am steilen Ufer, auf das sie von Zeit zu Zeit hinaufkletterten. Die schmutzige, schwarzgefleckte Körperfarbe bot ihnen eine ausgezeichnete Tarnung. Auf einen Quadratmeter zählten wir neun dicht nebeneinander. Eines der Jungen schien als Wachtposten zu fungieren, und manchmal wagte es sich zu kurzen Ausflügen in den Fluß hinein, schwamm aber sofort wieder zurück. Solange sie im Wasser waren, stützten sie die unverhältnismäßig großen Köpfe, wo es ging, auf herumtreibendes Schilf; durch kräftiges Wassertreten hielten sie sich an der Oberfläche. Die Hinterbeine waren im Gegensatz zum ausgewachsenen Krokodil breit und formlos; am auffallendsten waren die Augen, die so groß wie Puffbohnen und von einem lichten Ocker waren. Sie schienen noch verschleiert, doch konnte man den schmalen, vertikalen Schlitz der Pupillen bei einigen schon deutlich, bei anderen hingegen nur schwer erkennen.

Die enormen Wülste über den Augen und der viel zu große Knopf auf der Nase gaben den »Krokodilchen« ein groteskes Aussehen. Ohne Zweifel sahen sie trotz der verschleierten Augen sehr scharf, denn bei unserem Abstand von sechs bis sieben Metern tauchten sie, sobald wir auch nur die kleinste Bewegung machten. Wenn wir sprachen oder unsere Kameras handhabten, reagierten sie überhaupt nicht.

Wir gingen ins Lager zurück, holten ein wenig Fleisch, das wir an einen Stock banden und ins Wasser hängten. Es schien die Krokodile jedoch nicht zu interessieren; auch einige Würmer, die wir zwischen sie warfen, beachteten sie nicht, wie sie auch Käfer, Wasserjungfern und Kaulquappen, die ihnen in den Weg kamen, ignorierten. Als George die Stimme der Krokodile nachahmte, »imn, imn«, strömten sie sofort zusammen und wandten den Kopf in unsere Richtung; doch näherten sie sich uns nicht und blieben im Schutz des Schilfs. Das bewies, daß sie nicht taub waren. Sie mußten uns reden und das Klicken der Kameras gehört haben, doch bedeuteten ihnen diese Geräusche anscheinend nichts. Wir suchten vergeblich nach den Eierschalen, aus denen sie geschlüpft waren. Wahrscheinlich kamen sie auf der anderen Seite des Flusses zur Welt, auf die wir wegen des Hochwassers nicht hinüber konnten. Nach zwei Tagen gingen wir wieder zu der Stelle, sahen aber nur noch wenige junge Krokodile, und bei unserem nächsten Besuch war nur noch eines übrig.

Sobald es der Zustand der Straße erlaubte, war George ins Lager zurückgekommen und hatte fünf Wildhüter mitgebracht, die eine Patrouille stellen und dem Wildererunwesen ein Ende bereiten sollten. Sie mußten in einiger Entfernung von Elsa und unserem Lager leben, und George überwachte jetzt die Anlage ihrer Unterkunft und des Fahrwegs zum Lager.

Wir hofften, daß die Arbeiten in zwei Wochen einigermaßen vorankommen würden; dann wollten wir Elsa für immer längere Zeiträume allein lassen und so die Jungen zwingen, mit ihr zu jagen und sich an das wilde Leben zu gewöhnen. Unser unerwartet langer Aufenthalt im Busch hatte sie ein wenig zu sehr an das Lagerleben gewöhnt, besonders Jespah stand auf sehr vertrautem Fuß mit uns, doch konnten wir auf alle drei keinen Einfluß ausüben, und ihr angeborener Instinkt blieb unversehrt. Gopa und Klein-Elsa nahmen uns nur in Kauf, weil ihre Mutter auf unserer Freundschaft bestand.

Wir hätten gern gewußt, ob sie die Kleinen anleitete, uns nicht zu verletzen, wozu sie jetzt ohne weiteres imstande gewesen wären, oder ob sie nur ihrem Beispiel folgten. Besonders Jespah würde uns beim Spielen oder aus Eifersucht großen Schaden zufügen können, wenn er sich nicht beherrschte. Er tat das tatsächlich immer, und wenn er wütend wurde, warnte er uns vorher.

Gopa war weniger zutraulich, aber solange wir ihn zufrieden ließen, provozierte er keinen Zwischenfall.

Klein-Elsa blieb scheu, auch wenn sie sich nicht mehr so sehr wie im Anfang von uns irritieren ließ. Es wunderte uns, daß keines der Jungen jemals den Versuch unternommen hatte, Elsa auf das Dach des Landrovers zu folgen, da sie doch immer mit enttäuschten Gesichtern zu ihrer Mutter aufsahen, wenn sie sich oben auf die Plane legte, um den Neckereien der Kleinen zu entgehen. Da sie gut auf Bäume klettern konnten, hätten sie ebenso leicht auf den Kühler und von dort auf das Dach springen können, wie Elsa es in ihrer Jugend auch getan hatte. Aus irgendeinem Grunde jedoch schienen sie den Landrover als verbotenes Territorium zu betrachten.

Während Georges Abwesenheit benutzten Jespah und Gopa sein Zelt als »Höhle«. Daher war es für ihn, als er zurückkam, nachts ziemlich eng. Ich machte mir ein wenig Sorgen, denn George schläft gern auf einem niedrigen Feldbett, und ich fürchtete, daß es eines Nachts Scherereien geben könnte, wenn Elsa, Jespah und Gopa das Zelt mit ihm teilten; doch benahmen sie sich bemerkenswert gut. Wenn Jespah einmal anfing, mit Georges Zehen zu spielen, hörte er sofort auf sein energisches »Nein«.

Wie sehr sie sich bei uns zu Hause fühlten, zeigte sich, als Elsa eines Nachts Georges Bett umkippte und dabei auf Jespah warf. Es entstand kein Tumult, und Gopa, der dicht bei Georges Kopf schlief, rührte sich nicht einmal.

Während einer anderen Nacht, als die Familie im Zelt schlief, rief ein Löwe vom anderen Ufer. Elsa führte ihre Kinder sofort weg. Wahrscheinlich war es die böse Löwin, denn am nächsten Abend schleiften die Löwen ihr Fleisch zwischen Zeltrand und Zeltseile und verscharrten dort, als sie gefressen hatten, den Magen. Das war für George nicht sehr angenehm. Bald darauf hörten wir Löwen brüllen, und Elsa überquerte mit den Jungen den Fluß. Das Wasser stand noch sehr hoch; doch fanden wir am nächsten Morgen die Erklärung für ihren Wagemut, die Spuren einer einzelnen Löwin, dicht beim Lager.

Am Tag darauf trafen wir bei der Rückkehr ins Lager die Familie außer Jespah beim Verschlingen eines Kadavers an. Bald entdeckten wir auch den fehlenden Jespah hinter den Zelten, wo er sich an einem gebratenen Perlhuhn gütlich tat, das er vom Tisch gestohlen hatte. Er blickte so schelmisch drein, daß wir dem kleinen Schuft nicht böse sein konnten. Erstaunt waren wir, daß er gebratenes Fleisch frischem vorzog. Eine neue Überraschung brachte der nächste Tag, als wir die Familie im Busch fanden, wo Elsa die

Jetzt sind die Jungen ein Jahr alt (oben) —
Mit Elsa und Jespah im Dezember, während George
seine Weihnachtskarten schreibt (nächste Seite)

Jungen säugte. Sie waren jetzt elfeinhalb Monate alt, und da Elsas Gesäuge leer zu sein schien, glaube ich nicht, daß sie viel Milch bekamen.

Trotz dieser Babyangewohnheit zeigten sie schon die ersten Merkmale erwachsener Löwen; Jespah und Gopa wuchs um Gesicht und Hals ein feiner Flaum. Dadurch sahen sie zwar ein bißchen unrasiert, aber ganz reizend aus. Elsa begrüßte uns herzlich; dabei schob sich Jespah zwischen uns und wollte auch gestreichelt werden. Elsa sah uns zu und leckte dann ihren Sohn zustimmend.

Gemeinsam gingen wir ins Lager zurück. Vor den Zelten lagen die Reste ihres gestrigen Abendbrots; doch Elsa schnüffelte nicht einmal daran, sondern verlangte neue »Beute«. Nach einiger Zeit grunzte ein Leopard am anderen Ufer. Elsa stürzte davon und ließ die Jungen allein, die ihr nach einer Viertelstunde folgten. Wir freuten uns, daß Elsa die Initiative ergriff, ihr Territorium zu verteidigen.

Nachts brüllte ein Löwe. Seine Spuren, die wir später verfolgten, führten zum *Big Rock*. Irgend etwas mußte die Jungen eingeschüchtert haben, denn am 24. November weigerten sie sich, Elsa über den Fluß zu folgen. Sie mußte zweimal umkehren und sie ermutigen. Als sie alle drüben waren, tollten sie wild umher. Elsa rollte Jespah zu seinem großen Vergnügen wie ein Bündel umher, und der arme kleine Gopa sprang unbeholfen dazwischen, um sich bemerkbar zu machen. Als ich fotografieren wollte, knurrte Gopa mich an, Jespah knuffte ihn zur Strafe so heftig, daß Gopa ganz verdutzt dreinsah. Das geschah nur im Spaß, zeigte aber den Unterschied im Charakter der beiden Brüder. Wie immer war jedoch alle Eifersucht vergessen, als die Familie beim Abendbrot war.

George hatte ein Perlhuhn geschossen. Ich hielt es hinter dem Rücken versteckt, um es Klein-Elsa zu geben, wartete, bis sie aufsah, und zeigte es ihr. Sie erfaßte die Situation sofort, fraß aber ruhig weiter mit den Brüdern und beobachtete mich genau, als ich ein Stückchen wegging. Ich wartete, bis Jespah und Gopa ganz mit Fressen beschäftigt waren, und als nur Klein-Elsa mich sehen konnte, warf ich das Huhn hinter einen Busch. Als sie allein mich wieder beobachtete, deutete ich von ihr auf das Perlhuhn, bis sie plötzlich wie ein Blitz heranschoß, den Vogel ergriff und in ein Dickicht schleppte, wo sie ihn ungestört fraß.

Am nächsten Tag sahen wir die Familie auf der Felsplattform gegenüber dem Studio am anderen Ufer sitzen. Unterhalb der Stelle befindet sich ein tiefer Tümpel, den früher ein Krokodil bewohnt hatte. Die Jungen schienen nervös, und nur Elsa schwamm zu uns herüber. Wir hatten einen Kadaver mitgebracht, den ergriff Elsa und schwamm mit ihm zurück; dabei umging sie den Tümpel und hielt sich mehr stromaufwärts, dort, wo das Ufer steiler ist, sich aber nie Krokodile aufhalten.

Die Familie fraß nicht, schien also nicht hungrig zu sein und gab sich ganz dem Spiel hin. Die Jungen kletterten und balancierten auf den herunterhängenden Zweigen und versuchten dabei, sich gegenseitig ein Bein zu stellen und ins Wasser zu stoßen. Schließlich spielte Elsa mit; es sah so aus, als ob sie ihnen vormache, wie man sich auf einem Ast umdreht und wie man von einem Ast zum anderen springt.

Als es dunkelte, hatten sie das Fleisch noch nicht angerührt. Da wir es nicht verlieren und auch den möglichen Kampf Elsas mit einem anderen Raubtier verhindern wollten, beschloß George, es zurückzuholen. Zunächst mußten wir die Familie auf unsere Seite herüberlocken, da sie sich widersetzt hätte. Während George den Fluß hinaufging und außer Sichtweite hinüberwatete, schwenkte ich verführerisch ein Perlhuhn. Das wirkte und lockte die Löwen zu mir herüber. Unglücklicherweise merkte Elsa, daß George den Kadaver holen wollte. Eilig schwamm sie zurück und verteidigte ihn. Er brauchte eine Menge Überredungskünste, bis sie ihm erlaubte, die »Beute« über den Fluß zu bringen; argwöhnisch schwamm sie nebenher. Unterdessen liefen die Jungen verstört am Ufer herum, versuchten aber nicht, ihrer Mutter zu folgen. Darüber war ich erstaunt, denn im allgemeinen hatten sie vor dem Fluß, den man jetzt gut durchwaten konnte, keine Angst. Später stellten sie ihren guten Ruf wieder her. Nach Einbruch der Dunkelheit, als wir ein Rhinozeros an der Salzlecke hörten, stürzten Elsa und die Jungen sofort hin. Das Rhinozeros trat eilig den Rückzug an, wie man aus seinem Schnauben schließen konnte. Die Jungen waren wirklich tapfer, wenn sie ein so großes und bösartiges Tier angriffen.

Jespah liebte es zuweilen, den Clown zu spielen. Eines Tages, als er besonders lebhaft war und uns alle neckte und unbedingt spielen wollte, stellte ich ein großes rundes Tablett in einen über den Fluß hängenden Ast und wartete, was er wohl damit anstellen würde. Er kletterte hoch und versuchte, den zweieinhalb Zentimeter dicken Rand mit den Zähnen zu greifen; dabei hielt er das Tablett mit einer Pfote fest, wenn es schwankte. Als er es sicher genug hatte, um es waagerecht zu tragen, kam er vorsichtig damit herunter; er hielt mehrmals inne, um sich zu vergewissern, ob wir auch zusahen. Schließlich stand er auf der Erde und marschierte mit seiner Trophäe im Kreis umher, bis Klein-Elsa und Gopa ihn jagten und der Vorstellung ein Ende bereiteten.

Georges Urlaub näherte sich dem Ende. Wir hielten das für den geeigneten Zeitpunkt, das Lager zu verlassen. Elsa hatte inzwischen über die böse Löwin die Oberhand gewonnen und konnte ihr Territorium verteidigen. Die Wilderer waren anscheinend weitergezogen und kamen hoffentlich vor der nächsten Dürre nicht zurück. Dann würden sich die Wildhüter mit ihnen beschäftigen, die bereits regelmäßig am Fluß entlang patrouillierten und deren Stützpunkt schon fast fertig war. Die Jungen waren kräftige junge Löwen; es wurde Zeit, daß sie mit ihrer Mutter jagten und ihr natürliches Leben führten. Da ihre Eifersucht ständig zunahm, hielten wir es für falsch, sie durch unsere Zuneigung für Elsa so zu reizen, daß sie etwas taten, was gefährlich werden konnte.

Wir beschlossen, länger als bisher in Isiolo zu bleiben. Beim erstenmal sollten es sechs Tage sein, doch wurden es neun, bis ich wegen der starken Regengüsse zurückfahren konnte. Ich fuhr ohne George und vermißte seine Hilfe sehr, als wir Lastwagen und Landrover aus dem Morast ausgraben mußten, wofür wir zwei Tage brauchten.

Elsa kam auf unsere Schüsse hin nicht. Wir fanden auch keine Spuren beim Lager, doch konnten sie auch von der Überschwemmung des Flusses weggewaschen sein. Nach einiger Zeit ging ich zum *Big Rock* und traf Elsa, die mit den Jungen dahertrottete. Sie keuchten und hatten anscheinend auf meinen Schuß hin einen weiten Weg zurückgelegt. Ihre Freude, mich zu sehen, war groß. Jespah drängte sich zwischen Elsa und mich, um seinen Teil an der Begrüßung abzubekommen, Gopa und Klein-Elsa hielten wie immer Distanz. Alle vier waren in ausgezeichneter Verfassung und nicht dünner als bei unserer Abfahrt. Elsa hatte ein paar Bisse an Kinn und Hals, aber nichts Ernsthaftes. Gopa war eine viel längere und dunklere Mähne als Jespah gewachsen, dessen Fell immer noch heller als das seines Bruders war. Was für ein ansehnliches Rudel würden sie nächstes Jahr abgeben, zwei schlanke, elegante Löwinnen, von einem blonden und einem dunklen Löwen begleitet.

Ich hatte einen Kadaver mitgebracht. Elsa machte sich sofort darüber her; die Jungen aber hatten keine Eile und spielten noch eine Weile, bevor sie Elsa beim Fressen Gesellschaft leisteten. Als Elsa satt war, kam sie zu mir und zeigte sich sehr liebevoll. Da die Jungen nichts als ihre Mahlzeit sahen und uns nicht beachteten, gab es keine Eifersuchtsszenen.

Wie sehr Elsa darauf aus war, Plänkeleien und Mißstimmung zu vermeiden, zeigte sich am folgenden Tag. Ich hatte den Jungen ein Perlhuhn gegeben und beobachtete, wie sie sich darum stritten. Gopa knurrte mich und seine Geschwister böse an. Sobald Elsa das hörte, sprang sie herbei, um zu sehen, was los sei, aber als sie merkte, daß Gopa nichts passierte, kehrte sie auf den Landrover zurück.

Ein paar Minuten später, als die Jungen noch fraßen, ging ich zu ihr hinüber. Sie knurrte mich an und schlug mich zweimal. Überrascht wich ich sofort zurück und glaubte, eine solche Behandlung nicht verdient zu haben. Kurz darauf sprang Elsa vom Wagen herunter und rieb sich zärtlich an mir, offenbar um ihr schlechtes Benehmen wiedergutzumachen. Ich streichelte sie, und sie legte sich, eine Pfote auf meinem Schoß, neben mich. Als die Jungen herankamen, rollte sie sich auf die andere Seite, und nun existierte ich nicht mehr für sie.

Ununterbrochen zeigte sie, wie sehr ihr daran lag, daß zwischen uns und den Jungen Freundschaft herrschte. Eines Abends kam Jespah vollgefressen zu mir ins Zelt. Zum Spielen war er zu faul, so legte er sich auf den Rücken, da es wohl für seinen dicken Bauch bequemer war. Er sah zu mir hin und wollte offenbar gestreichelt werden. Da er friedlicher Stimmung war, fühlte ich mich vor seinen kräftigen Pfoten und scharfen Krallen sicher und streichelte sein seidiges Fell. Voller Wohlbehagen schloß er die Augen und gab ein schmatzendes Geräusch von sich. Elsa, die uns vom Dach des Landrovers beobachtete, kam herbei und leckte uns beide. Damit zeigte sie ihre Freude über unser gutes Einvernehmen.

Dieser friedlichen Szene bereitete Gopa unvermittelt ein Ende; er schlich heran, setzte sich mit besitzergreifender Miene auf Elsa und ließ keinen Zweifel darüber, daß ich unerwünscht war. So zog ich mich zurück und zeichnete die Löwen.

So sehr Elsa ihre Kinder liebte, versäumte sie doch nie, sie zu maßregeln, wenn sie etwas taten, was wir, wie sie wußte, nicht billigten, sie tat es auch dann, wenn die Jungen dem angeborenen Instinkt folgten.

Im allgemeinen hielten wir die Ziegen nachts in meinem Lastwagen. Kurze Zeit mußten wir sie in einem dichten Dornengehege unterbringen, da der Laster repariert wurde. Während dieser Zeit belagerte Jespah einmal die Ziegenboma so ausdauernd, daß wir um die Sicherheit der Ziegen besorgt waren. Alle Versuche, Jespahs Aufmerksamkeit abzulenken, schlugen fehl. Dann kam uns Elsa zu Hilfe, tänzelte um ihren Sohn herum und versuchte, ihn fortzulocken, aber er beachtete sie gar nicht. Darauf schlug sie ihn mehrmals, und er schlug zurück. Es amüsierte uns, wie die beiden sich gegenseitig zu überlisten versuchten. Schließlich vergaß Jespah die Ziegen und folgte Elsa ins Zelt, wo das Abendbrot auf sie beide wartete.

Da wir ihm den Spaß an den Ziegen verdorben hatten, suchte sich Jespah nach dem Essen ein neues Vergnügen. Er fand eine Dose Kondensmilch, die er so lange umherrollte, bis der Zeltboden mit einer klebrigen Masse bedeckt war. Dann versuchte er es mit Georges Kissen. Da ihn die Federn kitzelten, sah er sich nach einem anderen Spielzeug um. Bevor ich eingreifen konnte, ergriff er den Nadelkasten und rannte damit hinaus in die Dunkelheit. Entsetzt dachte ich daran, daß der Kasten sich unter dem Druck seines Bisses öffnen und er die Nadeln verschlucken könnte. Ich nahm unser Abendbrot, ein gebratenes Perlhuhn, und rannte ihm nach. Zum Glück war die Versuchung für ihn zu groß, und er ließ die Schachtel fallen, Nadeln, Reißnägel, Rasierklingen und Scheren lagen am Boden. Sorgfältig lasen wir alles auf, damit sich die Jungen nicht verletzten.

Ein neues Jahr beginnt

Wieder war es Zeit, nach Isiolo zu fahren und die Jungen eine Weile dem wilden Leben zu überlassen.

Am 3. Dezember rief ich den *District Commissioner* an, in dessen Gebiet Elsa lebt. Ich wollte ihm das Neueste von den Jungen berichten und seinen Rat erbitten, wie ich einen Teil des Honorars von »Frei geboren« am besten für den Ausbau dieses Reservats verwenden könne.

Elsa bedeutete für das Reservat einen Aktivposten, denn ihre Geschichte weckte in der ganzen Welt Anteilnahme und Verständnis für das Leben wilder Tiere, und auch weil ich mit einem Teil des Geldes, das ich für das Buch erhielt, zum Bau der neuen Wildhüter-Station beitragen konnte. Andererseits gaben ihr die Eingeborenen die Schuld für die strenge Überwachung der Wilderer durch unsere Anwesenheit. Weiterhin hatte kürzlich eine zahme Löwin in Tanganjika eine Frau getötet. Der Zwischenfall verstärkte nach Aussage des Distriktsbeamten die Voreingenommenheit der Eingeborenen gegen Elsa. Es wurde noch behauptet, ihre Freundschaft zu uns gewöhne sie an den Menschen und könne sie so leicht zu einer Gefahr für Fremde machen. Er meinte, es könne unter diesen Umständen nötig werden, Elsa aus dem Reservat zu entfernen.

Vier Tage darauf erreichte uns das Gerücht, zwei Eingeborene seien vierzehn Meilen von unserem Lager entfernt von einem Löwen zerfleischt worden. George fuhr sofort los, um zu sehen, was geschehen war. Er erreichte das Lager zu spät, um Nachforschungen anzustellen. Elsa und die Jungen spielten vergnügt bei den Zelten. Sie fraßen heißhungrig, waren aber in ausgezeichneter Verfassung. Da sie sieben Tage lang allein gewesen waren, bedeutete das für uns eine Beruhigung. Beim ersten Morgengrauen ging George zu dem Wildhüterposten. Niemand hatte etwas von einem Eingeborenen gehört, den ein Löwe zerfleischt hatte. So schickte George die Wildhüter an den Ort des angeblichen Unfalls und ging ins Lager zurück.

Um die Jungen bei den Zelten festzuhalten, gab er ihnen einen Kadaver, den sie in ein Gebüsch schleiften. Bis zum Abend blieben sie dort.

Einen Tag nach Georges eiliger Abfahrt folgte ich mit dem Lastwagen und dem Landrover. Als wir ankamen, war es spät und die Männer zu müde, um den Wagen auszuladen und die Ziegen darin unterzubringen. Darum brachten wir sie ins Dornengehege in Sicherheit. Obwohl wir mit zwei Wagen bei unserer Ankunft genügend Lärm machten und Elsa uns gehört haben mußte, kam sie zum erstenmal nicht zu meiner Begrüßung.

Als ich im Bett lag, hörte ich, wie die Jungen die Ziegenboma angriffen. Der Lärm von brechendem Holz, brüllenden Löwen und das Geblöke der Ziegen, die in wilder Flucht davonliefen, ließ keinen Zweifel an dem, was geschah. Wir stürzten hinaus, aber zu spät, Elsa, Gopa und Klein-Elsa hatten schon jeder eine Ziege getötet, Jespah hielt eine unter der Klaue, die George noch unversehrt befreien konnte.

Wir brauchten zwei Stunden, um die durcheinanderlaufenden, angstbesessenen überlebenden Tiere der Herde einzufangen und zu verwahren. Unterdessen umkreisten uns die vom Lärm herbeigelockten Hyänen.

Elsa nahm ihre Beute mit über den Fluß. George folgte ihr und sah ein großes Krokodil auf Elsa lauern. Er schoß, verfehlte es aber. Bis zwei Uhr früh wartete George dicht neben Elsa, ob das Krokodil wieder auftauchte, aber es kam nicht. Die Jungen benahmen sich sehr aufgeregt, weil sie mit ihrer Beute von ihrer Mutter durch den Fluß getrennt waren. Sie miauten ängstlich und schwammen nach einer halben Stunde zu ihr hinüber, ohne ihre Ziegen auch nur angerührt zu haben.

Nachmittags kamen die Wildhüter zurück. Für die Gerüchte, Eingeborene seien von Löwen zerrissen worden, fanden sie keine Bestätigung, hatten aber viele Beweise, daß die Eingeborenen unter dem Einfluß von Wilderern und politischen Agitatoren sich gegen Elsa zunehmend feindlich einstellten. Elsas Leben war in Gefahr, und wir überlegten, was zu tun sei.

Sechs Monate, viel länger als ursprünglich beabsichtigt, hatten wir im Lager verbracht, um Elsa und die Jungen vor Wilderern zu schützen, und dadurch die Entwicklung ihres natürlichen Lebens gehemmt. Wenn wir noch länger blieben, würden die Jungen so zahm werden, daß sie sich überhaupt nicht mehr an das Leben im Urwald anpassen konnten.

Außerdem würden wir durch unser Bleiben die Feindschaft der Eingeborenen hervorrufen. Da wir unter den gegebenen Umständen Elsa und die Jungen ihrem Schicksal nicht überlassen konnten, blieb als einzige Lösung, ihnen eine neue Heimat zu suchen und sie so schnell wie möglich dorthin zu bringen.

Es war damals nicht leicht, ein geeignetes Gebiet zu finden, um Elsa freizulassen; für sie und die Jungen würde es jetzt sicher noch schwieriger sein. Ihre Mutter hatte ihnen beigebracht, zu jagen und sich gegen natürliche Feinde zu verteidigen. Damit waren sie für das Leben im Busch vorbereitet. Wo aber würden sie genügend Sicherheit vor wilden Tieren finden und hauptsächlich vor dem Menschen, der sich jetzt als ihr gefährlichster Feind erwies?

George fuhr am nächsten Morgen nach Isiolo zurück, wo er sich eine Lösung des Problems erhoffte, und überließ das Lager meiner Obhut.

Nachmittags ging ich mit Nuru zum *Whuffing Rock*, wo wir Elsa ausgemacht hatten. Sofort kam sie herunter, um mich zu begrüßen. Als ich jedoch zu den schlafenden Jungen hinaufklettern wollte, setzte sie sich mir in den Weg und hinderte mich daran. Erst als wir auf dem Heimweg waren, rief sie ihre Kinder. Durch den Feldstecher sah ich Jespah und Gopa herunterkommen, während Klein-Elsa als Wache oben sitzen blieb.

Als es dunkel wurde, kam die Familie zum Abendbrot ins Lager. Dann spielten Elsa und ihre Söhne vergnügt in meinem Zelt, bis sie engumschlungen einschliefen. Ich zeichnete sie, während Klein-Elsa von draußen zusah. Nachts rief ein Löwe, der sich die nächsten drei Tage dicht beim Lager aufhielt. Während dieser Zeit blieb Elsa in meiner unmittelbaren Nähe. Erst als der Löwe aus unserer Nachbarschaft verschwunden war, wagte Elsa mit den Jungen den Weg zum *Big Rock*. Zur Teezeit kam sie zurück, als wollte sie sich ein frühes Abendbrot ungestört von der möglichen Ankunft eines fremden Löwen sichern.

Für gewöhnlich traf ich die Familie auf ihrem Weg ins Lager. Wenn Elsa und ich uns begrüßten, wollte Jespah nicht abseits stehen und rührte mich dabei immer durch sein Verhalten. Er wußte anscheinend, daß ich seine Krallen fürchtete, denn er setzte sich mit dem Rücken zu mir ganz still hin, als ob er mir versichern wollte, daß ich so keine unbeabsichtigten Kratzer abbekommen würde, wenn ich ihn streichelte.

In letzter Zeit bemerkte ich, wenn ich abends im Zelt las, eine Ginsterkatze, die vom Boden auf das Zeltdach und mit einem zweiten Satz in den Baum sprang, in dem die Webervögel ihre Nester hatten. Rasch kletterte sie weiter und balancierte auf den sehr dünnen Ästen zu den Nestern, die am Zweigende hingen. Ich richtete die Taschenlampe auf sie, doch ließ sie sich nicht stören.

Die Ginsterkatze war sehr jung und klein und konnte bei ihrem leichten Gewicht auf den dünnen Zweigen langkriechen. Um den Vogel durch die abwärtsgerichtete Nestöffnung zu fassen, mußte sich das Tier in einer schwierigen Akrobatik nach vorn beugen. Ich beobachtete, daß die Katze ihr Glück an vielen Nestern versuchte, doch flogen die Vögel zu meiner Erleichterung immer rechtzeitig davon. All das geschah völlig lautlos, und ich wunderte mich, daß es die fliehenden Vögel unterließen, ihre Nachbarn vor dem mörderischen Feind zu warnen, der seine Opfer suchte. Schließlich verschwand die Katze im Blattwerk. Sie schüttelte eines der Nester heftig, und bald flogen Federn, die Zeugen einer Tragödie, zu Boden. Ich kontrollierte die Tätigkeit der Katze und konnte feststellen, daß sie in einem Zeitraum von fünf Minuten einen Vogel fing.

Die Regenzeit sollte eigentlich schon zu Ende sein, doch hatten wir immer noch Regentage, und dadurch blieb der Urwald grüner als sonst im Dezember. Vielleicht brüteten die Webervögel aus diesem Grunde jetzt noch.

An einem regnerischen Abend, als der Fluß noch Hochwasser führte, hörte ich aus einem Busch gerade hinter dem Zelt Hyänen kichern. Sofort wurden sie von Elsa und den Jungen davongejagt. Nach dem bösen Knurren zu urteilen, gab es einen Kampf. Bald darauf brüllten stromaufwärts zwei Löwen. Elsa antwortete. Viel später hörte ich die Jungen vor meinem Zelt. Die Löwen brüllten fast die ganze Nacht. Am frühen Morgen überquerten Elsa und die Jungen den Fluß. Offenbar wollten sie den beiden Löwen aus dem Wege gehen.

Am 20. Dezember hatten die Jungen ihren ersten Geburtstag. Der Tag fing mit Sorgen an, denn das Wasser stand so hoch, daß Elsa nicht zu uns schwimmen konnte und wir deshalb im ungewissen blieben, ob es ihr nach den Aufregungen der Nacht gut ging. Sehr glücklich war ich daher, als die Familie naß, aber wohlbehalten zur Teezeit auftauchte.

Zum Geburtstag gab es ein Perlhuhn, das ich in vier Teile schnitt, damit jeder etwas bekam. Als Elsa ihren Leckerbissen verschlungen hatte, sprang sie auf den Landrover; die Jungen zerrten an einem Fleischstück, das ich ihnen hingelegt hatte. Da alle Löwen beschäftigt waren, rief ich Makedde, mich auf einen Spaziergang zu begleiten. Als wir losgingen, sprang Elsa vom Landrover herunter und kam mit. Jespah, der seine Mutter verschwinden sah, unterbrach seine Mahlzeit und rannte uns ebenfalls nach. Wir waren noch nicht weit gekommen, da sah ich auch Gopa und Klein-Elsa in einiger Entfernung neben uns durch den Wald jagen. An der Stelle, wo der Fahrweg dem *Big Rock* am nächsten kommt, setzten sich die Löwen hin und rollten im Sand umher. Ich blieb stehen und beobachtete, wie die sinkende Sonne den Felsen leuchtend rot malte. Dann ging ich zurück, da Elsa vermutlich den

Abend auf dem Felsen verbringen wollte. Überrascht merkte ich, daß sie mir folgte. Sie lief dicht neben mir, damit ich ihr gegen die Tsetsefliegen helfen konnte. Wie ein gut erzogenes Kind trabte Jespah an unserer Seite, Gopa und Klein-Elsa vergnügten sich auf ihre Weise. Weit hinter uns trödelten sie einher, und wir mußten immer wieder anhalten und auf sie warten.

Es schien, als käme Elsa nur mit, um mir Gesellschaft zu leisten. Sie tat das seit der Geburt der Jungen heute zum erstenmal. Ich hielt es für eine reizende Art, den Geburtstag zu feiern.

Im Lager angekommen, warf Elsa sich in meinem Zelt auf den Boden. Ihre Söhne folgten dem Beispiel, sie drückten sich an ihre Mutter und umarmten sie mit den Pfoten. Ich zeichnete sie, bis Elsa sich auf das Verdeck des Landrovers zurückzog und die Jungen sich über ihr Futter hermachten. Als ich sicher war, daß mich die Jungen nicht beachteten, ging ich zu Elsa hinüber und streichelte sie. Sie reagierte sehr zärtlich darauf. Ich wollte ihr danken, daß sie uns während des ersten Jahres, in einer Zeit, die für jedes junge Tier voller Gefahren ist, am Schicksal der Familie und an den Sorgen um die Kinder teilhaben ließ. Bald darauf begann plötzlich ein Löwe zu brüllen, und nach angespanntem Lauschen ging Elsa fort. Es schien, als sollte ich daran erinnert werden, daß wir trotz unserer Freundschaft zwei verschiedenen Welten angehörten.

Am nächsten Morgen fanden wir stromaufwärts die Fährte einer Löwin, aber keine Spur von Elsa. Während des Tages und auch in der darauffolgenden Nacht kam Elsa nicht ins Lager. In der zweiten Nacht hörten wir zwei Löwen brüllen und wußten nun, warum Elsa nicht gekommen war. Darum wunderte ich mich sehr, als ich sie am nächsten Morgen gegen neun Uhr auf dem *Whuffing Rock* fand. Sie brüllte aus Leibeskräften. Ich rief sie, aber sie beachtete mich nicht, sondern brüllte noch eine Stunde lang. Wen rief sie zu dieser ungewöhnlichen Tageszeit?

Abends brachte sie die Jungen zum Fressen. Als ein Löwe brüllte, verließ sie uns sofort und schwamm über den Fluß.

Die Nacht vom 23. Dezember verbrachten Elsa und die Jungen im Lager. Als ich nach dem Frühstück einen Bummel machte, um den Bericht über die nächtlichen Besucher im Sand abzulesen, folgte mir die Familie. Ich rief nach Makedde, und wir machten zusammen einen Spaziergang von zwei Meilen.

Jespah zeigte sich besonders freundlich, rieb sich an mir und blieb sogar still stehen, als ich eine Zecke dicht neben seinem Auge ablas. Wir beobachteten zwei sonnenbadende Schakale, die wir schon bei früheren Spaziergängen an der gleichen Stelle gesehen und die nie Angst vor uns hatten. Auch jetzt rührten sie sich nicht, obwohl wir nur etwa dreißig Meter von ihnen entfernt waren. Erst als Elsa auf sie zusprang, machten sie sich davon; aber als Elsa ihnen den Rücken kehrte, spähten sie schon wieder furchtlos hinter dem Gebüsch hervor.

Wir gingen bis zu einem Regentümpel, aus dem die Löwen tranken. Die Sonne schien inzwischen sehr heiß, und ich hätte mich nicht gewundert, wenn Elsa an dem schattigen Platz geblieben wäre. Willig kehrte sie jedoch mit uns um und begleitete mich langsam nach Hause.

Man hätte meinen können, wir machten einen Sonntagsnachmittags-Familienspaziergang. Es war Heiligabend. Elsa konnte davon nichts wissen, doch hatte sie zufällig diesen Tag, an dem mich viele Erinnerungen beschäftigten, zum Spazierengehen gewählt.

Auf dem Rückweg sahen wir die Schakale immer noch an der gleichen Stelle. Da die Löwen zum Spielen zu faul waren, standen die Schakale nicht einmal auf.

Elsa und die Jungen spürten die zunehmende Hitze sehr, immer wieder ruhten sie sich im Schatten eines Baumes aus. Als wir zum *Big Rock* kamen, stürzten sie plötzlich in vollem Tempo durch den Busch und mit wenigen Sprüngen auf den Gipfel. Dort ließen sie sich zwischen den Felsbrocken nieder. Ich kletterte, so gut ich konnte, hinter ihnen her, doch gab mir Elsa klar zu erkennen, daß ich sie jetzt allein lassen sollte. Sie wußte immer ganz genau, wann und wie lange es angemessen war, sich der einen oder anderen ihrer beiden Welten zuzuwenden. So begnügte ich mich damit, einige Fotos zu machen, wie sie ihre Jungen behütete.

Zur Teezeit kam George mit einem Koffer voller Post. Während wir herumbummelten und Blumen für den Weihnachtsschmuck pflückten, erzählte er mir von seinen Bemühungen um eine neue Heimat für Elsa und die Jungen. Er meinte, im Gebiet des Rudolphsees seien sie vor den Menschen am sichersten. Er hatte die Erlaubnis der Behörden, sie, wenn es nötig wäre, dorthin zu bringen, und wollte bald die Gegend nach einer passenden Stelle erkunden.

Die Gegend um den Rudolphsee ist sehr rauh, und die Lebensbedingungen sind hart, darum war ich bedrückt über die Aussichten für Elsa und ihre Kinder. Zu allem Unglück gesellte sich Elsa gerade in diesem Augenblick zu uns, und glücklich tollten die Jungen hinter ihr den Weg entlang. Ich konnte es einfach nicht ertragen, sie mir in dieser vom Wind gepeitschten, mit Lava übergossenen Wüste vorzustellen.

Im Lager gaben wir den Löwen ihr Abendbrot. Während sie damit beschäftigt waren, deckte ich den Tisch für unser Weihnachtsessen und schmückte ihn mit Blumen und Rauschgoldfiguren. Den kleinen Weihnachtsbaum vom letzten Jahr stellte ich in die Mitte und davor einen noch viel kleineren, der eben aus London eingetroffen war. Dann holte ich die Geschenke für George und die Boys.

Jespah beobachtete meine Vorbereitungen genau. In dem Augenblick, als ich mich umdrehte, um die Kerzen zu holen, ergriff er ein Päckchen mit einem Hemd für George und sprang damit ins Dickicht. Gopa folgte ihm unverzüglich, und die beiden vergnügten sich königlich. Als wir das Hemd endlich retteten, war es in einem Zustand, in dem man es George nicht mehr schenken konnte. Es war inzwischen fast dunkel, und ich zündete die Kerzen an. Jespah brauchte keine weitere Aufforderung, mir zu helfen. Ich konnte ihn gerade noch zurückhalten, die Tischdecke herunterzuziehen und Dekorationen und brennende Kerzen auf sich zu schütten. Es kostete mich eine Menge Überredungskünste, ihn beiseite zu halten, bis ich die restlichen Kerzen angezündet hatte. Als ich damit fertig war, kam er näher heran, beugte den Kopf zur Seite und blickte auf den glitzernden Weihnachtsbaum. Dann setzte er sich und beobachtete, wie die Kerzen herunterbrannten. Mit jeder erlöschenden Flamme schien mir ein glücklicher Tag unseres Lebens im Lager vorüberzuziehen. Als kein Licht mehr brannte, schien die Dunkelheit undurchdringlich und ein Symbol für die Dunkelheit unserer Zukunft zu sein. Nur wenige Meter neben uns, in dem schwindenden Licht kaum sichtbar, lagen Elsa und die Jungen friedlich im Gras.

Dann lasen George und ich unsere Post. Wir brauchten dafür viele Stunden, während denen wir in Gedanken um die Welt reisten und uns allen Menschen nahe fühlten, die Elsa, ihrer Familie und uns Glück wünschten.

Ich war froh, daß ich fast zuletzt den Brief öffnete, der uns befahl, Elsa und die Jungen aus unserem Reservat fortzuschaffen.

Anmerkung des Verlags

Einen Monat nachdem Joy Adamson dieses Buch beendete, starb Elsa im Busch nach einer Krankheit von wenigen Tagen. Die Obduktion ergab, daß sie an Babesia starb, einem Parasiten, der die roten Blutkörperchen zerstört.

Die Jungen verloren ihre Zutraulichkeit und kamen nur noch einige Wochen in der Dunkelheit zum Lager, um zu fressen. Dann verschwanden sie für immer.

Kurz darauf erfuhren Herr und Frau Adamson, daß die Jungen die Ziegen der ansässigen Eingeborenen angegriffen hatten. Jetzt mußte man sie fangen und in ein unbewohntes Gebiet bringen. Dieses schwierige Unternehmen, bei dem die Jungen mit Fallen gefangen und siebenhundert Meilen weit in den Serengeti Nationalpark von Tanganjika transportiert werden mußten, gelang im Mai 1961.

Anhang

Aufzeichnungen über die Besuche wilder Löwen seit Elsas Paarung.

1959

September	16.	Elsas Löwe rief nachts aus der Nähe.
	19.	Elsas Löwe rief. Elsa verschwand stromaufwärts.
20. 9.—10. 10.		Isiolo.
Oktober	10.	Ich bemerkte, daß Elsa trächtig ist.
	12.	Ein Löwe rief die ganze Nacht. Elsa beachtete ihn nicht.
	13.	Ein Löwe rief morgens vom Platz, an dem wir Elsa freigelassen hatten. Wir ließen Elsa dort mit einem Zebra als Köder zurück. Sie blieb den ganzen Tag fort. Sie folgte der Fährte einer Löwin in entgegengesetzter Richtung. Abends rief ein Löwe von der Stelle, an der wir Elsa freigelassen hatten. Frühmorgens rief ein Löwe zehn Meter vom Lager entfernt. Elsa fort.
15.—30.		Isiolo.
	30.	Elsa fungierte als »Tante« bei einer wilden Löwin. Ein Löwe rief.
November	1.	Elsas Gefährte rief mehrmals dicht beim Lager.
	2.	Elsas Gefährte rief um sieben Uhr. Elsa ging zu ihm, sie kam um siebzehn Uhr zurück. Der Löwe rief die ganze Nacht. Elsa lief zwischen ihm und dem Lager hin und her.
	3.	Elsas Gefährte rief die ganze Nacht.
4.—11.		Isiolo.
	12.	Als Antwort auf unsere Sirene rief Elsas Löwe vom Big Rock. Elsa im Lager.
	13.	Nachts rief ein Löwe vom Big Rock.
	15.	Elsa und ihr Löwe versteckten sich um siebzehn Uhr in der Spalte beim Whuffing Rock. Elsa verbrachte die Nacht im Lager.
	16.	Elsa nicht im Lager. Ich hörte nachmittags zwei Löwen. Elsa kam zurück. Elsas Löwe rief nachts dicht beim Lager.
	17.	Elsa verbrachte den Tag mit ihrem Löwen jenseits des Flusses. Fährte verfolgt. Um siebzehn Uhr kam sie ins Lager. Ihr Löwe rief in den ersten Nachtstunden.
	18.	Elsa blieb aus. Ihr Löwe kam zu unserer »Beute« im Lager, überquerte dann den Fluß. Um siebzehn Uhr kam Elsa ins Lager – sie ging wieder nach Einbruch der Dunkelheit. Ihr Gefährte rief.
	19.	Elsa den ganzen Tag fort.
	20.	Elsa rief ihren Löwen zur »Zebra-Beute«. Ging um fünfzehn Uhr fort. Ihr Löwe rief vom Big Rock.

21. Elsa rief ihren Löwen wieder zum Zebra, überquerte dann den Fluß.

22. Wir fanden die Fährte ihres Löwen im Küchengraben. Elsa ging die Nacht fort.

23. Zwei Löwen riefen in Lagernähe. Elsa fort. Ich hörte sie aber vom Big Rock her.

24. Elsa verließ uns dreimal während der Nacht. Ihr Löwe rief.

25. Elsas Löwe zog die Beute zum Kugelbaum. Beide verbrachten den Tag jenseits des Flusses. Elsa kam um sechzehn Uhr dreißig zurück und verlangte Futter. Ihr Löwe rief nach Einbruch der Dunkelheit. Schleifte das Fleisch fort, das wir ihm hingelegt hatten. Elsa ging gegen Morgen.

27. Elsa blieb auf dem Big Rock – rief ihren Löwen – blieb die ganze Nacht aus.

28. Elsa nachts im Lager. Ihr Löwe rief von weit her.

29. Elsa ging gegen Morgen. Kam gegen siebzehn Uhr über den Fluß zurück. Ging mit uns zum Big Rock. Wir hörten ihren Löwen in der Nähe. Elsa blieb die Nacht auf dem Felsen.

30. Elsa im Lager. Ging am frühen Morgen.

Dezember 1. Elsa um siebzehn Uhr wieder im Lager. Ihr Löwe rief die ganze Nacht, Elsa im Zelt.

2. Wir fanden die Fährte des Löwen, die ins Lager führte.

3. Elsa im Lager. Fraß viel. Ging mehrmals in Richtung Big Rock.

4. Elsa im Lager. Gleiches Verhalten wie gestern.

6. Elsa jagte Herde von Büffel-Kühen. Blieb nachts aus, doch hörten wir sie ihren Löwen rufen.

7. Wir trafen Elsa um siebzehn Uhr beim Big Rock. Sie kam ins Lager, fraß eine Menge. Rief die ganze Nacht nach ihrem Löwen.

8. Elsa im Lager. Rief die ganze Nacht nach ihrem Löwen.

9. Elsa rief die ganze Nacht nach ihrem Löwen. Er antwortete. Morgens war sie fort. Ich hörte sie von weit her rufen. Um zwanzig Uhr kam sie zurück, fraß eine Menge, dann brüllte sie aus Leibeskräften beim Busch am Fluß, während ihr Löwe aus Leibeskräften nahe der Küche rief. Beide gingen bald darauf fort.

10. Fanden Elsas Spur und die ihres Löwen auf dem Weg zum Küchengraben. Sah Elsa abends auf dem Big Rock. Zum Fressen kam sie zurück. Ihr Löwe rief.

11. Elsa den ganzen Tag im Lager. Nachts rief ihr Löwe.

12. Elsa im Lager. Sie ging mit uns zu den Stromschnellen. Nachts rief ihr Löwe.

13. Am Morgen war Elsa auf dem Big Rock. Ihr Löwe rief vom anderen Ufer.

13.—16. Isiolo.

16. Elsa erwartete uns im Lager. Sie war sehr hungrig.

17. Elsa im Lager. Sie fraß viel, ging zum Big Rock, kam aber bald zurück.

18. Elsa im Lager. Begleitete uns nicht beim Spaziergang.

19. Elsa am Morgen in Lagernähe. Nachmittag ging sie mit uns spazieren, setzte sich oft und verschwand schließlich im Busch. Blieb

die Nacht aus. Rief am frühen Abend und frühen Morgen aus Richtung Big Rock.

20. Fand Elsa nachmittags auf dem Big Rock — Wehen. Geburt der Jungen.

21. Vater Löwe rief nachts. Verfolgten am nächsten Morgen seine Fährte, sie führte vom Hyrax Rock zum Lager. Schleifte sein Fleisch fort und fraß es, ging über Küchengraben.

22. Löwe rief nachts. Wir fanden seine Spur beim Lager, doch er nahm kein Fleisch. Später schleifte er großen Wasserbock eine halbe Meile durch den Busch. Nachmittags fanden wir seine Fährte, die den Trockenlauf hinauf zum Wasserbock führte. Trafen ihn unter einem Gebüsch. Er knurrte, als der Toto sich hinhockte und lief dann fort.

23. Wir fanden die Spur von der Tränke des Löwenvaters den Fluß entlang.

24. Vater kam ins Lager und hielt große Fleischmahlzeit. Nachts kam er wieder und zerrte am aufgehängten Fleisch.

25. Elsa kam nach fünf Tagen wieder. Vater überquerte den Fluß zum anderen Ufer.

26. Vater rief am anderen Ufer von weit her.

27.—31. Isiolo.

1960

Januar 3. Ein Löwe rief nachts. Stahl Ziegenkopf aus dem Lager. Fährte zweier Löwen, die zum Big Rock führte. Ein Löwe rief nachts.

5. Aus einiger Entfernung rief nachts ein Löwe.

28. Vater rief vom anderen Ufer. Elsa blieb aus.

29. Elsa brüllte laut gegen siebzehn Uhr. Ein Löwe rief nachts. Elsa blieb aus.

30. Ein Löwe rief nachts. Elsa blieb aus.

31. Elsa kam gegen neun Uhr vom jenseitigen Ufer, brüllte, so laut sie konnte, von der Strommitte aus und kehrte um. Sie kam gegen sechzehn Uhr zurück, fraß viel und ging um achtzehn Uhr. Nachts rief ein Löwe.

Februar 1. Elsa blieb den ganzen Tag aus. Nachts kam sie ins Lager, sprang auf meinen Lastwagen, um eine Ziege zu erwischen. Ließ davon ab, als ich »nein« rief. Vater rief vom anderen Ufer.

2. Elsa stellte mir ihre Jungen vor.

8. Vater rief bei der frühen Morgendämmerung.

10.—14. Isiolo.

21. Vater rief nachts vom Küchengraben.

22. Die ganze Nacht bellte ein Leopard und rief ein Löwe. Elsa blieb aus.

23. Vater rief nachts vom Big Rock.

29. Vater rief abends und am frühen Morgen aus der Nähe.

März 12. Makedde beobachtete Löwenfährte im Küchengraben. Vater rief, während Elsa im Lager war.

13. Vater rief nachts von weit her. Elsa blieb im Lager.

18. Löwe rief nachts stromaufwärts.

26. Vater stahl Reste der Ziege.

| | 28. | Vater rief aus der Nähe. George trat beinahe auf ihn, da er sich im Gebüsch, vier Meter vor dem Zelt, versteckt hatte. Fürchterliches Knurren. George zog sich schnell zurück. |

28. Vater rief aus der Nähe. George trat beinahe auf ihn, da er sich im Gebüsch, vier Meter vor dem Zelt, versteckt hatte. Fürchterliches Knurren. George zog sich schnell zurück.

April

1. Vater rief nachts.
5. Vater rief nachts.
7. Vater rief nachts.
10. Fanden Vaters Fährte auf dem Weg.
20. Vater rief bald nach Einbruch der Nacht aus nächster Nähe. Elsa ging mit den Jungen fort. Er rief noch einmal aus größerer Entfernung.
21. Vater rief aus der Nähe.
24.—28. Isiolo.

Mai

4. Hörten Vater in der Nähe.
5. Fanden Vaters Spur auf dem Weg.
6. Elsa benahm sich seltsam; verhielt sich ruhig, als sei ihr Gefährte in der Nähe. Sie verbarg die Jungen.
7. Fanden Vaters Spur im Küchengraben, führte zum Big Rock.
8. Fanden Vaters Fährte dicht beim Lager. Elsa brüllte, als es dunkel war, vom Landrover.
9. Fanden Vaters Spur auf dem Weg. Elsa hielt sich zwei Tage lang in Lagernähe versteckt. Fanden Vaters frische Spur auf Georges Radspuren. Elsa versteckte sich unterhalb des Lagers mit Jungen und Fleisch.
10.—18. Isiolo.
18. Elsa versteckte Kadaver bei Duompalme, blieb den ganzen Abend aus. Vater rief vom Big Rock. Elsa erschien um drei Uhr und sprang in Georges Bett.
22.—31. Isiolo.

Juni

4. Vater rief am frühen Abend. Elsa und die Jungen versteckten sich auf dem Büffel-Pfad.
6. Fanden Vaters Spur bei der Küche, wo er ein gebratenes Perlhuhn stahl.
7.—16. Isiolo.
21.6—1.7. Isiolo.

Juli

3. Während unserer Abwesenheit wurde das Lager niedergebrannt. Ein Löwe rief aus Richtung Big Rock. Elsa rief nach einem Kampf vom anderen Ufer. Junge nicht zu finden. Fährten von zwei Löwen rund um den Big Rock.
4. Hörten nachts Löwen vom Big Rock. Fanden Fährte eines Löwen und einer Löwin an der Wasserbock-Bucht. Abends hustete ein Leopard und knurrte ein Löwe ganz nahe. Hörten auch eine Hyäne.
8. Nachts riefen Vater, ein Leopard und eine Hyäne. Elsa im Lager.
9. Abends rief ein Löwe. Elsa stürzte in Richtung Küchengraben davon, ließ Junge zurück. Nach einer Stunde kam sie wieder, überquerte den Fluß. Hörten die ganze Nacht den Leoparden und den Löwen. Hyäne stahl Reste der Ziege.

10. Elsa blieb den ganzen Tag aus. Nachts rief Vater. Ich fand seine Spur und die einer Löwin im Küchengraben.

15. Von stromaufwärts knurrte ein Löwe. Jespah fehlt. Kampf zwischen Löwen. Elsa böse zugerichtet.

16. Fanden Löwenfährte stromaufwärts auf einer Sandbank, gemischt mit Elsas. Nachts, während Elsa im Lager war, rief von weit her ein Löwe.

17. Nachts Feuer unterhalb der Küche. Elsa überquerte den Fluß. Zwei Löwen fraßen im Morgengrauen beim Zelt Reste der Ziege, dann überquerten sie laut knurrend den Fluß.

19. Nachts kamen zwei Löwen ins Lager. Einer knurrte neben dem »Ziegenstall«, dann machte er sich grollend in Richtung von Big Rock davon. Elsa blieb aus.

22. Nachts riefen Löwen. Elsa blieb aus.

23. Nachts riefen Löwen. Elsa blieb aus.

24. Nachts riefen Löwen. Elsa blieb aus.

25. Nachts riefen Löwen. Elsa blieb aus.

26. Verfolgten Löwenfährte nahe Baobab. Konnten Spuren von Elsa und den Jungen gewesen sein. Fanden Spuren einer einzelnen Löwin stromaufwärts bei der Tränke.

27. Verfolgten Spuren von einem Löwen und einer Löwin mit Jungen, die fünf Meilen stromauf den Fluß überquerten. Sahen Löwen in dreißig Meter Entfernung. Hörten ihn brüllen.

29. Fanden fünf Meilen stromaufwärts Spuren eines einzelnen und von zwei Löwen.

30. Nachts rief ein Löwe ganz in der Nähe, ein anderer antwortete aus weiter Ferne. Fanden Spuren eines Löwen, führten vom Big Rock zum Lager.

31. Nach siebzehn Tagen kommt Elsa ohne die Jungen wieder ins Lager. Verschwand nach einer halben Stunde.

August

1. Elsa brachte Junge ins Lager. Boys verfolgten ihre Spur fünf Meilen stromab, wo sie mit der von zwei anderen Löwen vermischt war.

7. Elsa war wachsam und ging dann. Zwei oder drei Löwen kamen bis dicht zur Küche — fürchterliches Knurren. Ein Löwe überquerte den Fluß.

8. Fand Elsa mit verletzter Klaue und die Jungen jenseits vom Border Rock, nahm sie mit nach Hause. Elsa wollte nicht fressen. Ging bald wieder mit den Jungen. Sie schoß ihren Strahl an die Büsche! Nachts rief ein Löwe von Big Rock.

9. George fand zwei Tage alte Spur von zwei schnell laufenden Löwen im Elefantengraben.

11. Nach dem Dunkelwerden rief ein Löwe in der Nähe, ging stromaufwärts. Elsa verschwand vor Mitternacht — kehrte brummend zurück; ging dann wieder.

12. Fand eine Löwenspur am Ende des Studio-Grabens, eine andere beim Rhinozeros-Kadaver jenseits des Flusses.

13. Vom anderen Ufer rief ein Löwe.

18. Von stromaufwärts näherten sich zwei Löwen. Elsa ließ Junge zurück, als sie sie herausforderte. Kam später wieder — inzwischen waren Junge verschwunden. Zwei Löwen brüllten bei der Küche. Junge kamen zurück — Elsa nahm sie mit.

22. Vater rief.

24. Zwei Löwen näherten sich von stromaufwärts. Elsa kämpfte mit der bösen Löwin.

25. Fand Elsa übel zugerichtet stromabwärts.

27. Fand Spur der Löwin, führte von stromaufwärts zum Lager und dann zurück.

September 2. Zwei Löwen riefen von stromaufwärts. Elsa brachte die Jungen ins Studio und ging dann fort, um die beiden Löwen anzugreifen. Bei ihrer Rückkehr waren die Jungen verschwunden. Elsa ging sie suchen. Fanden Spur der Löwin parallel zu Elsas den Weg entlang.

5.—8. Isiolo.

9. Zwei Löwen riefen stromaufwärts. Elsa antwortete von jenseits des Flusses.

12. Ein Löwe rief von stromaufwärts.

13. Elsa lag sehr krank im Zelt. Jungen fehlten — kamen in der Dämmerung wieder. Überquerten alle zusammen gegen Mitternacht den Fluß. Böse Löwin rief bald darauf vom Felsen.

14. George sah böse Löwin auf dem Felsen. Elsa blieb den ganzen Tag aus. Nachts rief die böse Löwin.

15. Fanden Elsa und die Jungen jenseits vom Border Rock. Sie war übel zugerichtet, brachten sie nach Hause.

21. Während der ersten Nachtstunden rief stromaufwärts ein Löwe. Elsa ging gegen Mitternacht. Der Löwe rief wieder. Elsa kam am frühen Morgen zur Frühstückszeit mit den Jungen zu uns zurück.

22. George verfolgte die Fährte eines einzelnen Löwen im Küchengraben, sie führte zur Schweinebucht.

Oktober 7. Nachts rief vom Big Rock her ein Löwe.

8. Ein Löwe rief vom Hyrax Rock.

13. Ein Löwe rief aus weiter Ferne.

16. Hörten nachts die böse Löwin und ihren Gefährten vom Big Rock rufen.

17. Hörten böse Löwin im Morgengrauen. George sah sie kurz darauf auf dem Big Rock. Er schlich sich bis auf vierhundert Meter an sie heran, dann verschwand sie.

20. Während Elsa und die Jungen im Lager waren, näherten sich zwei Löwen von stromaufwärts. Elsa und Jespah gingen unverzüglich. Die anderen beiden folgten ihnen erst über den Fluß, als zwei Löwen ganz in der Nähe brüllten. Zwei Löwen brüllten die ganze Nacht vom Big Rock her.

21. Seit dem frühen Morgen rief ein Löwe vom Big Rock her. In der Dämmerung sahen Makedde und ich dort die böse Löwin. Sie beobachtete uns. Elsa blieb aus. Die ganze Nacht riefen die beiden Löwen vom Big Rock.

	22.	Makedde verfolgte die stromaufwärts führende Fährte von zwei Löwen.
	29.	Ein Löwe rief vom anderen Ufer. Elsa ging stromabwärts.
	30.	Ein Löwe rief aus der Ferne. Elsa überquerte den Fluß.
	31.	Fand Spur einer einzelnen Löwin, sie führte den Weg hinauf zum Regentümpel, dann zum Küchengraben zurück und wandte sich stromaufwärts.

November	2.	Ein Leopard hustete am anderen Ufer. Elsa ließ die Jungen zurück und verjagte ihn. Dann überquerten sie alle den Fluß. Später brüllte ein Löwe nahe beim Lager.
	3.	Fanden die Spur eines Löwen beim Küchengraben und beim Big Rock.
13.—21.		Isiolo.

Dezember	11.	Ich hörte die ganze Nacht einen Löwen von stromaufwärts rufen. Makedde hörte zwei.
	12.	Makedde erzählte, er habe im Küchengraben einen Löwen gehört.
	14.	Fand eine frische Löwenspur dicht am Weg. Elsa und die Jungen blieben die beiden letzten Tage in Lagernähe. Gingen überhaupt nicht fort.
	18.	Nachts rief ein Löwe vom anderen Ufer.
	19.	Zwei Löwen näherten sich von stromaufwärts, brüllten laut. Elsa stimmte in den Chor ein. Das Konzert hielt die ganze Nacht an. Elsa und die Jungen überquerten am frühen Morgen den Fluß bei Hochwasser. Elsa verteidigte Ziegenkadaver vor einer Hyäne.
	20.	Nachts rief ein Löwe.
	21.	Fand Spur einer einzelnen Löwin im Küchengraben. Ein Löwe brüllte die ganze Nacht. Nichts von Elsa.
	22.	Nachts brüllten stromaufwärts zwei Löwen. Fand Elsa um neun Uhr brüllend auf dem Whuffing Rock. Ich rief sie vom »Freilassungsweg« aus. Sie beachtete mich nicht und brüllte noch bis zehn Uhr. Konnte sie den ganzen Tag nicht finden. Um zwanzig Uhr dreißig kam sie mit den Jungen ins Lager. Ein Löwe rief stromaufwärts die ganze Nacht.
	26.	Nachts rief von stromaufwärts ein Löwe. Elsa nahm die Jungen über den Fluß.
	27.	Fand nachmittags frische Löwenspur auf dem Weg beim Regentümpel.
	28.	Vater rief am frühen Morgen aus der Nähe. Fand frische Löwenspur auf dem Wege nahe Regentümpel.
	29.	Nichts von Elsa, hörte sie aber vom Big Rock her rufen.
	30.	Fand Spuren nahe beim Big Rock, sie kreuzten den Weg in Richtung Küchengraben. Elsa vom 28. bis 30. nicht im Lager.